T0135453

Alle Rechte vorbehalten
ISBN 978-3-7001-3912-6
Copyright © 2010 by
Österreichische Akademie der Wissenschaften Wien
Satz/Layout: JR-InTeReg
Druck und Bindung: 1a-Druck, A-8750 Judenburg
http://hw.oeaw.ac.at/3911-9
http://verlag.oeaw.ac.at

Franz Prettenthaler und Eric Kirschner (Hg.)

ZUKUNFTSSZENARIEN FÜR DEN VERDICHTUNGSRAUM GRAZ-MARIBOR (LEBMUR)

TEIL C:

DIE ZUKUNFT DENKEN

AutorInnen:

Franz Prettenthaler
Eric Kirschner
Clemens Habsburg-Lothringen
Nicole Höhenberger
Thomas Schinko

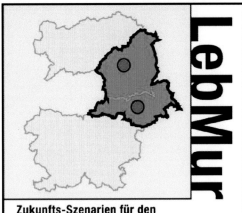

Zukunfts-Szenarien für den Verdichtungsraum Graz–Maribor

Projektleitung: Franz Prettenthaler, JOANNEUM RESEARCH

ZUKUNFTS*fonds*
STEIERMARK

Das Projekt Lebensraum Mur (LebMur) entwickelt langfristige Zukunftsszenarien für den Verdichtungsraum Graz-Maribor – wobei je drei steirische und drei slowenische Regionen auf der Ebene NUTS 3 im Detail untersucht werden. Aufbauend auf einer regionalökonomischen Betrachtung des Verdichtungsraums und einer umfassenden Analyse der Rahmenbedingungen und Methoden zur Untersuchung der künftigen Entwicklung werden drei Hauptszenarien für diesen grenzüberschreitenden Raum erarbeitet. Langfristige Szenarien sind keinesfalls als Prognosen, vielmehr als Bilder einer möglichen Zukunft zu sehen: Nicht die Frage *„Wo genau stehen wir in 20 Jahren?"* ist von zentralem Interesse, vielmehr werden mögliche langfristige Entwicklungspfade – aber auch Visionen – der großräumigen Entfaltung aufgezeigt. In diesem Sinne sind *mögliche* Antworten auf die Frage: *„Wo könnten wir in 20 Jahren sein, wenn ...?"* Gegenstand der vorliegenden Untersuchungen und Analysen.

Teil A: Zum Status quo der Region

Teil	Titel	AutorInnen
A1	Ein Portrait der Region	Kirschner, E., Prettenthaler, F. (2006)
A2	Eine Region im europäischen Vergleich	Aumayr, Ch. (2006a)
A3	Zum Strukturwandel der Region	Aumayr, Ch. (2006b)
A4	Hypothesen zur künftigen Entwicklung	Aumayr, Ch., Kirschner, E. (2006)

Teil B: Rahmenbedingungen & Methoden

Teil	Titel	AutorInnen
B1	Rahmenbedingungen der gemeinsamen Entwicklung	Kirschner, E., Prettenthaler, F. (2007)
B2	Grundlagen und Methoden von „Regional-Foresight"	Prettenthaler, F., Höhenberger, N. (2007)
B3	Grenzüberschreitende „Regional-Foresight"-Prozesse	Zumbusch, Ch. (2005)
B4	Europäische Rahmenszenarien	Prettenthaler, F., Schinko, T. (2007)

Teil C: Die Zukunft denken

Teil	Titel	AutorInnen
C1	Die Synthese – drei Szenarien	Prettenthaler, F., Kirschner, E., Schinko, T., Höhenberger, N., (2008)
C2	Die Szenarien – der Meinungsbildungsprozess	Höhenberger, N., Prettenthaler, F. (2007)
C3	Die Szenarien – die Ergebnisse im Detail	Kirschner, E., Prettenthaler, F., Habsburg-Lothringen, C. (2009)

Vorwort

Wissenschaft ist ein Motor für Entwicklung – sie tangiert uns alle und durchdringt sämtliche Lebensbereiche des Menschen. Die wissenschaftliche Forschung ist heute mehr denn je gefordert, den rasant voranschreitenden Entwicklungen und gesellschaftlichen Veränderungen in einer modernen Zeit Rechnung zu tragen. Forschung dient dem Erkenntnisgewinn und sorgt für technologischen Fortschritt an vorderster Front.

Um den Standort Steiermark zu stärken und auf die europäischen und globalen Herausforderungen der kommenden Jahrzehnte vorzubereiten, bedarf es besonderer Impulse, bedarf es kreativer Konzepte zur Sicherung der langfristigen und nachhaltigen Entwicklungsfähigkeit unseres Landes.

„LebMur" ist ein Pilotprojekt und lässt eine besonders hohe Multiplikatorwirkung für die Steiermark erwarten. Mit der (noch relativ jungen) Osterweiterung der EU ergeben sich gerade für die Steiermark „im Herzen Mitteleuropas" neue Chancen. Der Aufbau eines Forschungsraumes Südost bietet nicht nur die Möglichkeit, das Zusammenwachsen Europas zu beleben, sondern auch jene kritischen Massen zu bilden, die im europäischen Standortwettbewerb interessant sind. Hier geht es nicht um ein „Gegeneinander", sondern vielmehr um ein „Miteinander".

Für eine aktive Zukunftsgestaltung der Steiermark sind Maßnahmen und Projekte notwendig, die dazu beitragen, die Vision einer gesamteuropäischen Integration zu realisieren. „LebMur" punktet im wissenschaftlichen Dialog mit den slowenischen Nachbarregionen und rückt den Standort Steiermark respektive Graz als „community-leader" ins Rampenlicht – dem Ergebnis des Zukunftsfondsprojektes kann mit Spannung entgegen geblickt werden. Wir freuen uns über den Erfolg von „LebMur" und wünschen allen interessierten Leserinnen und Lesern viel Freude bei der Lektüre des vorliegenden Buches!

Mag.ᵃ Dr.ⁱⁿ Birgit Strimitzer-Riedler

(Leiterin der Abteilung 3 – Wissenschaft und Forschung, Amt der Steiermärkischen Landesregierung, Geschäftsstelle des Zukunftsfonds Steiermark)

Einleitung

Aus der Vergangenheit kann jeder lernen. Heute kommt es darauf an, aus der Zukunft zu lernen.

(Herman Kahn)

Das vorliegende Buch ist der nunmehr dritte und abschließende Band der Reihe Zukunftsszenarien für den Verdichtungsraum Graz-Maribor. Bevor nun mit der Erstellung der drei möglichen Zukunftsbilder für den Verdichtungsraum Graz-Maribor begonnen wird, scheint es notwendig einen kurzen Blick hinter die Kulissen der Szenario-Entwicklung zu werfen. Zuallererst: Zukunftsszenarien sind Bilder oder Projektionen möglicher Wege, welche die Region – der Verdichtungsraum Graz-Maribor – einzuschlagen vermag. Ob und wie weit ein solches Bild auch eintreffen wird, hängt jedoch von einer Vielzahl von Entscheidungen, aber auch Ereignissen ab – die in all ihren Wirkungen und Wechselwirkungen kaum zu prognostizieren sind, die in ihrer Gesamtheit aber den Weg der zukünftigen Entwicklung für die Region vorgeben.

Zudem darf ein Szenario nicht mit einer Prognose verwechselt werden – eine Prognose ist im eigentlichen Sinne „nur" eine Vorhersage zukünftiger Entwicklungen aufgrund einer kritischen Beurteilung des Vergangenen wie auch des Gegenwärtigen. Szenarien sind Bilder möglicher und wahrscheinlicher Zukünfte – mehrere Zukünfte, die in ihren Ausprägungen gänzlich unterschiedlich sind, in ihrer Eintrittswahrscheinlichkeit aber nicht unbedingt voneinander abweichen müssen. Ein Szenario verknüpft das Mögliche mit dem Wahrscheinlichen, aufgrund kausaler Zusammenhänge werden Wege oder Pfade beschrieben, wobei jede Biegung die Entwicklung weiter in die einmal eingeschlagene Richtung treibt und das Bild – ein Bild – der zukünftigen Entwicklung beschreibt. Jede einmal getroffene Entscheidung macht die eine Entwicklung erst möglich oder wahrscheinlich, schließt aber gleichzeitig eine andere aus oder macht diese unwahrscheinlicher. Ein Szenario ist somit keine Vorhersage im eigentlichen Sinn, sondern die Aufzeichnung einer episodischen Abfolge – einer hypothetischen Sequenz von Ereignissen und Entwicklungen – von denkbaren wie auch wahrscheinlichen und möglichst widerspruchsfreien Zukunftsprojektionen, basierend auf einem Netz kausaler Zusammenhänge und Wechselwirkungen – den sogenannten treibenden Kräften.

Nur über eine kritische Betrachtung dieser treibenden Kräfte, verbunden mit einer genauen Analyse der Entwicklung eines jeden Faktors, von der jüngeren Vergangenheit bis heute, können langfristige Entwicklungspfade – Visionen – der großräumigen Entfaltung aufgezeigt werden. So können Handlungsspielräume erkannt und Potentiale gefördert werden, so ist eine vorausschauende und den künftigen Herausforderungen gerecht werdende langfristige Wirtschaftspolitik möglich.

Das Fundament zur Abschätzung jeglicher zukünftiger Entwicklungspfade bildet die kritische Betrachtung und Beurteilung des Gegenwärtigen wie auch des Vergangenen. Dies war der Gegenstand des ersten Buches *Zum Status quo der Region* (Prettenthaler (Hg.) 2007). Zunächst wurde ein Portrait der Regionen zur Bestimmung der Ausgangslage für das Projekt LebMur erstellt (Kirschner, Prettenthaler 2006). Eine Clusteranalyse ermöglichte den Vergleich der Region mit europäischen Regionen, welche wirtschaftlich und demographisch ähnliche Charakteristika aufwiesen (Aumayr 2006a), aber auch entsprechende strukturelle Bedingungen vorweisen konnten (Aumayr 2006b).

Schlussendlich wurden auf Basis verfügbarer Prognosen – als erster Ausgangspunkt zur Szenarienbildung – erste *Hypothesen zur künftigen Entwicklung* formuliert (Aumayr, Kirschner 2006).

Diese erste Betrachtung des zu untersuchenden Raums ist unumgänglich, keinesfalls jedoch ausreichend. Jede mögliche Entwicklung, jeder Wandel innerhalb einer Region folgt Gesetzmäßigkeiten. Die Vorgaben und Programmschienen der Europäischen Union bestimmen die Förderlandschaft sowohl auf slowenischer als auch auf österreicherischer Seite des Verdichtungsraums. Neben strukturellen Gegebenheiten üben gerade politische Vorgaben, Gesetze, die territoriale Gliederung wie auch die Aufgaben und Möglichkeiten der Gebietskörperschaften maßgeblich Einfluss auf Gestaltungsmöglichkeiten aus, aus welchen sich eine künftige Entwicklung erst ableiten lässt. Dieser Problematik nahm sich der erste Teil *Rahmenbedingungen und Methoden* (Kirschner, Prettenthaler 2007) des zweiten Buches (Prettenthaler, Kirschner (Hg.) 2007a) an. Auch wurde der analytische und methodische Rahmen zur Erstellung von Zukunftsszenarien diskutiert (Prettenthaler, Höhenberger 2007), die Natur und die Instrumente von „Regional Foresight"-Prozessen wurden dem Leser anhand anschaulicher angewandter Beispiele näher gebracht (Zumbusch 2005). Wie schon der erste Band schließt auch Teil B mit einem Blick in die Zukunft. Die Darstellung von *Europäischen Rahmenszenarien* (Prettenthaler, Schinko 2007) gibt einen Einblick in die rezente Szenarienliteratur auf europäischer beziehungsweise internationaler Ebene. Eine Region – so auch der Verdichtungsraum Graz-Maribor – kann sich nicht unabhängig von der Entwicklung seiner Umgebung entfalten, entscheidende internationale und europäische Rahmenbedingung wurden – als Grundvoraussetzung oder Rahmenwerk – für die Entwicklung von Zukunftsszenarien für die Region LebMur erarbeitet.

In der langen Frist brechen gewachsene Strukturen jedoch auf, es kommt zu Systembrüchen, die nicht mehr prognostizierbar sind – der Raum verändert sich und mit ihm die Menschen, die in ihm wohnen. *Die Zukunft denken* – dieser Aufgabe stellt sich dieser – nunmehr letzte – Band der Reihe Zukunftsszenarien für den Verdichtungsraum Graz-Maribor. Zukunftsfähige und wünschenswerte, d.h. insbesondere sozial- und umweltverträgliche Formen des Wirtschaftens, Konsumierens, Arbeitens und Lebens werden in Form von drei möglichen Zukunftsszenarien entworfen. Drei Szenarien werden im Hinblick auf die Rahmenbedingungen – welche aus den Vorarbeiten der vorangegangenen Teile A und B hervorgehen – aus der Fülle an möglichen Zukunftsvisionen ausgewählt und im Detail vorgestellt. Die Entwicklung dieser Szenarien, ihre Entstehungsgeschichte, findet sich in Kapitel C2 *Die Szenarien – der Meinungsbildungsprozess* (Höhenberger, Prettenthaler 2007) und in Kapitel C3 *Die Szenarien – die Ergebnisse im Detail* (Kirschner, Prettenthaler, Habsburg-Lothringen 2007). Hier werden die quantitativ etablierten, kausalen Zusammenhänge und deren Wechselwirkungen dargestellt und diskutiert.

Abschließend bleibt festzustellen, dass es nicht der Zweck von Szenarien ist, ein konkretes Bild der Region in zwanzig Jahren vorauszusagen. Vielmehr handelt es sich um Überlegungen, wie sich der grenzüberschreitende Verdichtungsraum bis zum Jahr 2030 entwickeln könnte und auch welche Orientierungen dafür vorgenommen werden müssen. Daher sind nicht zuletzt die in den Szenarien enthaltenen „Warnungen" und wie darauf von den Entscheidungsträgern reagiert wird, ausschlaggebend dafür in welche Zukunft wir tatsächlich gehen.

Franz Prettenthaler und Eric Kirschner

Inhalt:

DIE SYNTHESE

DREI SZENARIEN FÜR DEN VERDICHTUNGSRAUM GRAZ-MARIBOR (LEBMUR)

Franz Prettenthaler

JOANNEUM RESEARCH, Institut für Technologie- und Regionalpolitik

Elisabethstraße 20, 8010 Graz, Austria

e-mail: franz.prettenthaler@joanneum.at,

Tel: +43-316-876/1455

Eric Kirschner

JOANNEUM RESEARCH Institut für Technologie- und Regionalpolitik

Elisabethstraße 20, 8010 Graz, Austria

e-mail: eric.kirschner@joanneum.at,

Tel: +43-316-876/1448

Thomas Schinko

JOANNEUM RESEARCH, Institut für Technologie-

und Regionalpolitik

e-mail: thomas.schinko@gmx.at

Abstract:

Im Szenario *Wissensintensiver Produktionsstandort* gelingt es der Region, sich auf ihre Stärken im Hochtechnologiebereich zu konzentrieren. Multinationale Unternehmen sowie F&E prägen das prosperierende wirtschaftliche Umfeld – Hochqualifizierte wandern zu. Die Leistungen des Sozialstaates werden reduziert – soziale und räumliche Disparitäten steigen, während die Liberalisierung der Märkte weiter vorangetrieben wird. Die Vernachlässigung von Nachhaltigkeit führt zu Umweltproblemen und zu hoher Energieimportabhängigkeit.

Die Region konzentriert sich im Szenario *High End Destination for Services* auf ihre kulturellen Stärken. Während sich die ländlichen Regionen erfolgreich im Tourismus- und Gesundheitsbereich und die städtischen Regionen als Kultur- und Ausbildungsstandorte positionieren, wandert die industrielle Produktion weitgehend ab. Europa baut weiter auf ein fossiles Energiesystem – die Auswirkungen des Klimawandels werden unterschätzt.

Die Nutzung erneuerbarer Rohstoffe wird im Rahmenszenario *Région Créateur d'Alternatives* auf allen Ebenen forciert – eine hohe Lebensqualität in Kombination mit sozialer Kohäsion kann gesichert werden. Durch die Fokussierung auf den Umwelttechnologiebereich gelingt die Entkoppelung von Wirtschaftswachstum und Energieverbrauch. Das hohe Ausbildungsniveau internationaler StudentInnen wirkt sich positiv auf die Standortattraktivität der Region aus.

Keywords: Zukunft, Wissensintensiver Produktionsstandort, High End Destination for Services, Région Créateur d'Alternatives.

JEL Classification: J11, P25, P27, R58.

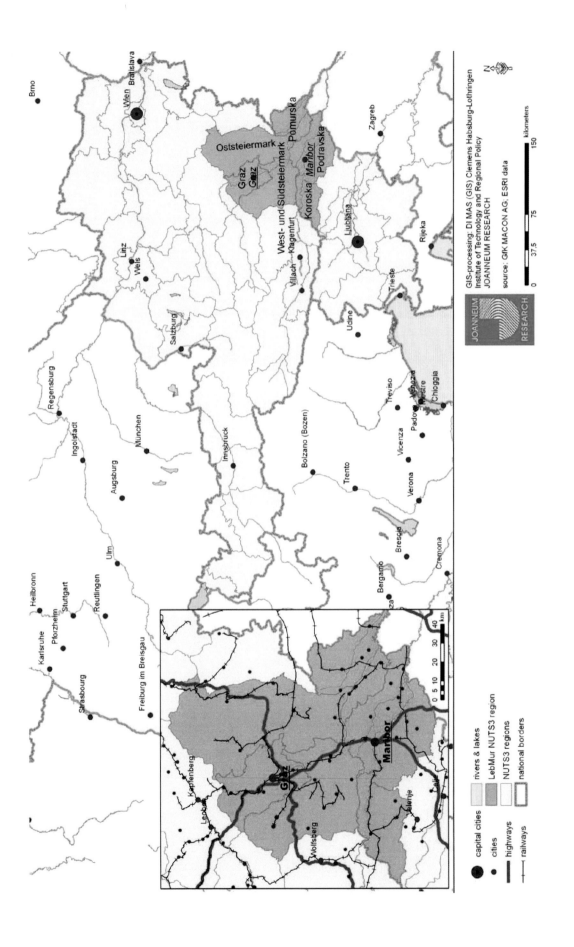

GIS-processing: DI MAS (GIS) Clemens Habsburg-Lothringen
Institute of Technology and Regional Policy
JOANNEUM RESEARCH

source: GfK MACON AG; ESRI data

kilometers

0   37.5   75   150

JOANNEUM
RESEARCH

N

Legend:

capital cities
cities
highways
railways

rivers & lakes
LebMur NUTS3 region
NUTS3 regions
national borders

Main map labels:

Brno
Bratislava
Wien
Oststeiermark
Pomurska
Graz
Maribor
Podravska
Koroska
West- und Südsteiermark
Klagenfurt
Villach
Ljubljana
Zagreb
Rijeka
Trieste
Udine
Treviso
Venezia
Mestre
Chioggia
Padova
Vicenza
Verona
Trento
Bolzano (Bozen)
Brescia
Bergamo
Cremona
Salzburg
Linz
Wels
Innsbruck
München
Augsburg
Ingolstadt
Regensburg
Ulm
Reutlingen
Stuttgart
Pforzheim
Heilbronn
Karlsruhe
Strasbourg
Freiburg im Breisgau

Inset map labels:

Kapfenberg
Leoben
Graz
Wolfsberg
Maribor
Velenje
Celje

0 5 10   20   30   40 km

Inhaltsverzeichnis Teil C1

Tabellen-, Bilder- und Abbildungsverzeichnis Teil C1

1 Problemaufriss und Ausgangspunkt

Mehr als die Vergangenheit interessiert mich die Zukunft,
  denn in ihr gedenke ich zu leben.

(Albert Einstein)

Zukunftsszenarien können nicht „aus dem Bauch heraus" geschaffen werden – sie sind vielmehr das Ergebnis und das Zusammenführen von kausalen und wahrscheinlichen Annahmen über mögliche Entwicklungen einer Vielzahl von Variablen und der Wechselwirkungen dieser Variablen zueinander. Der Blick in die Zukunft kann nur durch ein gründliches Untersuchen des Gegenwärtigen und des Vergangenen gelingen – dies waren die Aufgaben, welchen die ersten beiden Teile (Prettenthaler (Hg.) 2007) und (Prettenthaler, Kirschner (Hg.) 2007) dieser Reihe gewidmet waren. So können die drei Zukunftsszenarien für den Verdichtungsraum Graz-Maribor auch nicht ohne einen kurzen Blick in die vorangegangene Arbeit portraitiert werden – gibt diese doch die Richtung – den Rahmen – vor, in dem sich diese Zukunftsbilder erst entfalten können.

Die Globalisierung und die aktuelle Finanz- und Wirtschaftskrise erfordern ein Denken und Agieren in größeren Zusammenhängen, internationale Positionierung und Sichtbarkeit bedürfen einer bestimmten Größe. Doch die Frage einer entsprechenden regionalen Abgrenzung ist meist schwierig zu beantworten. Bestehende funktionale Verflechtungsmuster grenzen entsprechende Großregionen grob ab. Selbst hier bleibt es problematisch, die Regionsgrenzen genau zu definieren, und immer müssen diese Grenzen eigentlich fließend gesehen werden – unterschiedliche Fragen sprechen schließlich unterschiedliche Verflechtungen an. Oft aber – wie gerade bei grenzüberschreitenden Regionsgebilden – können nicht ausschließlich bestehende Verflechtungen als Abgrenzungskriterien herangezogen werden, vielmehr wird die Bildung einer entsprechenden „Großregion" gerade als Katalysator zur Intensivierung der Verflechtungen angesehen (Zumbusch 2005). Letztendlich wird man meist aus ganz pragmatischen Gründen die Grenzen doch entlang vorhandener administrativer Einheiten ziehen. Für die Region LebMur trifft beides zu:

- uf steirischer Seite bestehen unzählige Verflechtungen rund um die Stadt Graz. Der Großraum Graz erstreckt sich über die typischen Stadt-Umland-Gebiete mit Einzugsgebieten von Kaufkraft und Arbeitskräften südwärts in Richtung Maribor, aber auch in Richtung Norden nach Bruck/Mur und Leoben.

- Auch Maribor weist entsprechende Verflechtungsbeziehungen mit seinen Nachbarregionen auf. Grenzüberschreitend lassen sich bislang noch wenige Verflechtungen feststellen, zu wenig, um diese als Basis für eine Regionsabgrenzung des grenzüberschreitenden Verdichtungsraums Graz-Maribor heranziehen zu können.

Die Region umfasst höchst unterschiedliche Räume – unterschiedlich in ihrer Wirtschaftskraft, in ihrer Lebens- und Umweltqualität, aber auch in ihrer geographischen Struktur. In der Region liegen keine Metropolen, wohl aber regional bedeutende Städte.

Die beiden größeren Städte Graz und Maribor wirken unumstritten als die beiden regionalen Zentren, insbesondere für die angrenzenden Regionen – für Koroška und Pomurska auf slowenischer sowie für die Oststeiermark und die West- und Südsteiermark auf österreichischer Seite. Um ein Gesamtbild der Region und ihrer Teilregionen zu vermitteln, setzt die Skizzierung verschiedene Schwerpunkte: Sie richtet ihren Fokus erstens auf den „Menschen" als Mittelpunkt aller potentiellen Entwicklungsdebatten, zweitens auf die „Umwelt" und drittens auf die „Wirtschaft".[1]

1.1   EIN ERSTER BLICK AUF DIE REGION

In demographischer Hinsicht zeigt die Region ein durchaus positives Bild: Für die kommenden Jahre kann von einem Konzentrationsprozess jüngerer Bevölkerung im erwerbsfähigen Alter ausgegangen werden. Auch die Ausbildungssituation ist gut und die regionale Arbeitslosigkeit vergleichsweise niedrig – allerdings mit starken innerregionalen Unterschieden. Hingegen liegen die Erreichbarkeitsindikatoren für die Region weit unter dem europäischen Durchschnitt. Dennoch kommt es in einigen Gebieten der Region zu Umweltbelastungen durch konzentriertes, hohes Verkehrsaufkommen. Ökonomisch wird der Verdichtungsraum durch die regionalen Zentren geprägt. Die österreichischen Regionen zeichnet ein produktiver produzierender Sektor aus, die slowenischen Gebiete sind von einem dynamischen, starken Dienstleistungssektor geprägt.

Der Verdichtungsraum Graz-Maribor selbst ist kein großräumiger, sich unabhängig entwickelnder Wirtschafts- und Lebensraum, vielmehr ist er eingebettet in ein Gebiet, das neben Südösterreich, den oberitalienischen Raum, den slowenischen Raum, Teile Kroatiens sowie Teile Ungarns umfasst – und damit eine Reihe von Mittel- und Großstädten sowie rund 17 Millionen Einwohner. Dieser Raum bestimmt die zukünftige Entwicklung maßgeblich, zudem herrschen innerhalb der Teilregionen zwar deutliche wirtschaftliche Disparitäten, gleichzeitig ist jedoch ein Konvergenzprozess zu beobachten (Kirschner, Prettenthaler 2006).

1.1.1   Ausgangspunkt: Fokus Mensch

Die demographischen Entwicklungen der Region LebMur zeigen im internationalen Vergleich ein durchaus positives Bild (Kirschner, Prettenthaler 2006). Insgesamt leben im Verdichtungsraum Graz-Maribor (LebMur) auf einer Fläche von 11.354 km² rund 1,36 Millionen Menschen. Die Bevölkerungsdichte der Region beträgt 120 Einwohner pro km². Auf Basis vorliegender Daten und verfügbarer Prognosen kann von einem Konzentrationsprozess der jüngeren Bevölkerung im erwerbsfähigen Alter in den städtischen und regionalen Zentren gesprochen werden (Aumayr, Kirschner 2006).

Trotz der allgemeinen Überalterungstendenz der Gesellschaft bleibt der Verdichtungsraum Graz-Maribor relativ gesehen jung. Allerdings unterscheiden sich die Entwicklungen in den steirischen Teilregionen deutlich von jenen in den slowenischen Gebieten des LebMur-Raumes. In den steirischen Teilregionen ist die Bevölkerung jünger und derzeit auch im Wachsen. In den slowenischen Teilregionen zeigt sich hingegen ein eher gemischtes Bild: Während die städtischen Gebiete an (jüngerer) Bevölkerung gewinnen, sind die peripheren Gebiete sowohl von deutlichen

---

[1] Die Beschreibung der Region LebMur basiert vorwiegend auf der Arbeit *Ein Portrait der Region* (Kirschner, Prettenthaler 2006), die detaillierte Daten und Fakten sowie ein umfassenderes Bild zum Untersuchungsraum und den Teilregionen enthält.

Bevölkerungsverlusten als auch von einer steigenden Überalterung betroffen (ibid.). Als einigermaßen problematisch erweist sich die Situation in der Region Pomurska, der bei weitem am schwächsten entwickelten Teilregion. Allein in der Periode von 2001 bis 2007 sank ihre Einwohnerzahl um fast -1,8 %, bis 2020 wird ein Rückgang von über -6 % prognostiziert. In der Region Podravska sind insbesondere deren kleine Gemeinden in der Peripherie betroffen - hier geht eine hohe Arbeitslosigkeit mit einer starken Abwanderung und einer entsprechenden Überalterung der Bevölkerung einher.

Im Hinblick auf die Ausbildungssituation braucht die Region LebMur den internationalen Vergleich nicht zu scheuen. Klares Zentrum im Bereich Bildung ist Graz: Alleine die vier Grazer Universitäten zählen rund 33.500 Hörer, hinzu kommen etwa 3.000 Studierende der Fachhochschulen. Die Universität in Maribor mit rund 25.000 Studierenden verstärkt das Qualifizierungsangebot der Region zusätzlich – vor allem für die slowenischen Teilregionen, ist sie doch die zweitgrößte Hochschule Sloweniens. Gemeinsam sorgen die beiden Universitäten für ein gutes Angebot hoch qualifizierter Arbeitskräfte in der Region. Zwischen den steirischen und den slowenischen Teilregionen sind beim Ausbildungsniveau im nationalen Vergleich nur marginale Unterschiede erkennbar (Kirschner, Prettenthaler 2006).

Die Arbeitslosigkeit (2007) in der Region LebMur ist mit 6,9 % im europäischen Vergleich niedrig, dennoch sind gerade hier die nationalen Unterschiede beträchtlich. Waren im Jahr 2007 in Nordslowenien 10,3 % der Erwerbstätigen arbeitslos, so waren es im steirischen Teil nur 5,2 %. Die niedrigste Arbeitslosigkeit der Region LebMur findet sich in der Oststeiermark. Diese Zahlen werden aber aufgrund der Finanz- und Wirtschaftskrise in den nächsten Jahren – teilweise beträchtlich – ansteigen. Noch gravierender stellen sich die Unterschiede im Bereich der Jugendarbeitslosigkeit dar. Die niedrigste Jugendarbeitslosigkeit findet sich in der West- und Südsteiermark (ibid.).

1.1.2 Ausgangspunkt: Fokus Umwelt

Auf den ersten Blick limitierend wirkt die im europäischen Vergleich relativ schlechte Erreichbarkeit der Region LebMur – der Erreichbarkeitsindikator für die Bevölkerung liegt bei 69 (von EU=100) und damit im letzten Viertel der europäischen NUTS 3 Regionen[2] (Kirschner, Prettenthaler 2006). Dieser rein statistische Vergleich relativiert sich, wenn der Verdichtungsraum ähnlichen Regionen gegenübergestellt wird – nicht etwa den süd- und nordwestdeutschen Ballungszentren oder etwa der Randstadtregion in den Niederlanden – sondern regionalen Zentren mit industriell, aber auch agrarisch geprägten Umlandregionen, wie sie etwa in Finnland anzutreffen sind (Aumayr 2006a).

Allerdings sind auch hier die nationalen Disparitäten erheblich – im Wesentlichen liegen die steirischen Regionen vor den slowenischen. Wiederum ist Graz die bei weitem mobilste Region. Allerdings wurde in Graz im Jahr 2008 der maximal zulässige Grenzwert für Feinstaub (PM 10) von 50 µg/m³ an insgesamt 73 Tagen überschritten. Im gesamten deutschsprachigen Raum waren nur in Stuttgart-Neckartor mehr Überschreitungen (an 89 Tagen) gemessen worden. Der nur mäßig ausgebaute öffentliche Verkehr bei einem hohen Pendleraufkommen ist einer der Faktoren für diese

---

[2] Die Nomenclature des Unités Territoriales Statistiques (NUTS) bezeichnet die von EUROSTAT erarbeitete, hierarchisch aufgebaute, dreistufige Systematik der Gebietseinheiten für die Statistik. Die territoriale Einordnung (NUTS 1, 2, 3) basiert auf der Anzahl der Bevölkerung. Die für diese Arbeit relevante Ebene NUTS 3 entspricht einer Bevölkerungsanzahl von mindestes 150.000 und maximal 800.000 Einwohnern.

überdurchschnittliche Feinstaubbelastung – und somit sicherlich eines der Kernprobleme der zukünftigen Entwicklung.

Maribor ist neben Graz das zweite Agglomerationszentrum im Verdichtungsraum. Die Infrastruktur rund um die Stadt ist gut ausgebaut. Der Erreichbarkeitsindikator für die Bevölkerung ist nach Graz der höchste. Auch bei der PKW-Dichte je Einwohner sind die Werte in den steirischen Teilregionen von LebMur (0,53 PKW/EW) höher als in den slowenischen (0,43 PKW/EW). Die niedrigsten Erreichbarkeitsindikatoren der Region LebMur finden sich in der Teilregion Pomurska. Ihre äußerste Randlage belastet die Entwicklungschancen der Region, Anbindungen an das Hochleistungsverkehrsnetz fehlen und nirgends im LebMur Raum finden sich weniger PKW pro Einwohner.

Trotz der teilweise stark ländlich geprägten Gebiete weist die Region im internationalen Vergleich eine intensive Flächennutzung auf. Eine Spitzenposition nimmt Pomurska ein, rund 70 % der Gesamtfläche sind Dauersiedlungsraum, wobei die Landwirtschaft den größten Anteil ausmacht. Insgesamt sind in der Region LebMur rund 50 % der Fläche dauerhaft besiedelt. Berge und Wälder – fast drei Viertel der Region sind bewaldet – prägen das Landschaftsbild. Generell ist die Siedlungsdichte in Nordslowenien höher. Dies ist letztendlich auf die extensivere Bodennutzung der Landwirtschaft in Slowenien zurückzuführen.

1.1.3   Ausgangspunkt: Fokus Wirtschaft

Das Bruttoregionalprodukt beträgt über € 29,6 Mrd. Damit liegt das durchschnittliche BRP/Kopf für diese Region mit € 21.807 bei 92 % des EU-27-Schnitts, beziehungsweise 78 % des EU-15-Schnitts und damit im hinteren Mittelfeld der europäischen NUTS 3 Regionen (2006). Ökonomisch geprägt wird der Verdichtungsraum durch seine regionalen Zentren Graz und Maribor. Die österreichischen Regionen zeichnet, im Vergleich zu Nordslowenien, insgesamt ein verhältnismäßig produktiver produzierender Sektor aus. Es kann von einer relativ geringen Tertiärisierung der Beschäftigung ausgegangen werden. Damit bleibt der steirische Teil des Verdichtungsraums Graz-Maribor im Hinblick auf seine Wirtschaftstruktur industriell geprägt, der Status von Graz als industrielles Zentrum bleibt weiterhin manifest.

Hingegen war in Nordslowenien der Dienstleistungssektor zentraler Motor des Wirtschafts- und Beschäftigungswachstums. Insbesondere in der Region Podravska mit ihrem Zentrum Maribor ist das Wirtschaftswachstum beachtlich, von 2000 bis 2006 wuchs die regionale Bruttowertschöpfung um +45 % – weit stärker als in jeder anderen Region. Im Dienstleistungssektor, der etwa 63,2 % der regionalen Wertschöpfung ausmacht, sind rund 56,6 % der Erwerbstätigen beschäftigt. Das Umland von Maribor, speziell die an Pomurska angrenzenden Gemeinden, weisen jedoch den zweithöchsten slowenischen Beschäftigtenanteil im Agrarsektor auf und sind nur relativ schwach entwickelt. Zirka die Hälfte der regionalen Bruttowertschöpfung der Gesamtregion LebMur wird im Raum Graz erwirtschaftet. Die Wirtschaftsleistung je Einwohner lag hier in etwa bei € 36.800 (2006), dies entspricht 155 % des EU-27-Durchschnitts. Im Raum Graz hatte der überdurchschnittlich produktive sekundäre Sektor hauptsächlichen Anteil am Wirtschaftswachstum der vergangenen Jahre. Die östlichen Regionen sind grundsätzlich stärker agrarisch geprägt – der Anteil der Erwerbstätigen in der Landwirtschaft ist hier am höchsten.

Auch kommt dem Fremdenverkehr hier eine überdurchschnittliche Relevanz zu. Insgesamt wurden in Slowenien im Jahr 2008 über 8,4 Millionen Nächtigungen gezählt. Insbesondere den strukturschwachen Regionen, Pomurska, aber auch Teilen der Peripherie im Umland der regionalen Zentren ist es gelungen, das endogene touristische Potential zu nutzen. Mit über 2,9 Millionen Nächtigungen im Jahr 2008 ist die Oststeiermark mit Sicherheit „die" Tourismusregion im Verdichtungsraum Graz-Maribor und gehört österreichweit und somit weltweit zu den Top-Destinationen.

Geprägt ist die wirtschaftliche Situation in der Region derzeit natürlich auch von der Wirtschafts- und Finanzkrise, wovon besonders der produzierende Bereich negativ betroffen ist. Mit einer (mäßigen) Erholung der Situation ist laut nahezu allen Prognosen erst im Laufe des Jahres 2010 zu rechnen.

1.2   TEILREGIONALE BESONDERHEITEN IM RAUM LEBMUR

Wie bereits erwähnt, ist der Verdichtungsraum Graz-Maribor keine in sich homogene Region, vielmehr weisen die Teilregionen in ihrer strukturellen Beschaffenheit, in ihrer Bevölkerungs-, aber auch in ihrer wirtschaftlichen Entwicklung wesentliche Unterschiede auf. Grundsätzlich wirken Graz und Podravska mit der Stadt Maribor als regionale Zentren für die gesamte Region. Jede Teilregion hat – wie in Tabelle 1 dargestellt – jedoch ihre spezifischen Charakteristika und somit ihr eigenes endogenes Entwicklungspotential, aus dem sich zukünftige Entwicklungsmöglichkeiten und Chancen für die jeweiligen Regionen ableiten lassen. Erst die Summe dieser Betrachtungen, die synthetische Betrachtung aller Teilregionen, erlaubt es, ganz nach Clausewitz, einen „Blick auf das Wesen des Ganzen einzufangen."

Tabelle 1:   Übersicht zu den Charakteristika der Region LebMur und ihrer Teilregionen

Region	Einwohner	Fläche	Besonderheiten der Region
Graz AT221	395.220	1.228 km^2	Innovationsregion, höchste Akademikerquote, vier Universitäten, ca. 50 % des BRP des Verdichtungsraums kommen aus Graz
Koroška SI003	73.714	1.041 km^2	Autarkste Region, schlechte Erreichbarkeit und günstigste Altersstruktur, niedrigste Arbeitslosigkeit und zweithöchstes Ausbildungsniveau Nordsloweniens
Ost-steiermark AT224	267.773	3.352 km^2	Tourismus- und Thermenregion, 2,9 Millionen Nächtigungen, 29 Hotelzimmer auf 1.000 EW, niedrigste Arbeitslosigkeit
Podravska SI002	321.781	2.170 km^2	Eine Region im Wandel, zweitgrößte Hochschule Sloweniens, wirtschaftliche Dynamik und gutes Ausbildungsniveau der Bevölkerung, zweithöchstes Bevölkerungswachstum der Region
Pomurska SI001	121.824	1.337 km^2	Agrarregion, 21 % der Erwerbstätigen sind in der Landwirtschaft tätig, hohes touristisches Potential, etwa zwei Drittel aller Nächtigungen der untersuchten slowenischen Regionen fallen auf Pomurska
West- und Südsteiermark AT225	190.698	2.223 km^2	Weinregion, 63 % der steirischen Weingärten befinden sich in der Region, reichhaltiges kulinarisches Angebot und niedrigste Jugendarbeitslosigkeit

Quelle: Kirschner, Prettenthaler, 2006; überarbeitet 2009.

Die Region **Graz** nimmt als „regionales Zentrum" eine Sonderstellung ein. Verdeutlicht wird diese insbesondere im Bereich Bildung, Forschung und Innovation mit ihren vier Universitäten und zwei Fachhochschulen. Die Akademikerquote, als der Anteil der Bevölkerung mit Hochschulabschluss, liegt bei über 10 %. Dieses Ausbildungsniveau wird in keiner anderen Region auch nur annähernd erreicht. Auch ist Graz die bei weitem mobilste Region, die Erreichbarkeitsindikatoren liegen hier am höchsten.

In **Koroška** ist die demographische Altersstruktur im slowenischen Vergleich sehr positiv. Auf 1.000 Einwohner kommen 9,2 Geburten. Das durchschnittliche Alter bei der ersten Geburt liegt mit 29,2 Jahren jedoch nur mehr etwa ein halbes Jahr unter dem Landesschnitt von 29,9 Jahren. Aufgrund von Migration muss Koroška seit 2001 auf einen leichten Bevölkerungsrückgang von rund -0,4 % zurückblicken – überproportional vertreten sind insbesondere die Gruppen der 20- bis 34-jährigen Wohnbevölkerung. Hier gehen geringe Siedlungsdichte und eine schlechte Erreichbarkeit mit niedriger Arbeitslosigkeit (8,1 % nach Slovene Regions in Figures 2009) und hohem Ausbildungsniveau einher.

Mit über 2,9 Millionen Nächtigungen im Jahr ist die **Oststeiermark** mit Sicherheit „die" Tourismusregion. Die Region verfügt im Vergleich zum gesamten Verdichtungsraum Graz-Maribor über mehr als doppelt so viele Hotels, aber auch über mehr Zimmer in Pensionen und sonstige Schlafgelegenheiten je Einwohner. Auch ist die Arbeitslosigkeit die niedrigste im Verdichtungsraum Graz-Maribor. Das Ausbildungsniveau liegt jedoch leicht unter dem Durchschnitt aller Regionen.

Wirtschaftlich, sozial und kulturell wird **Podravska** von Maribor mit seinen 133.000 Einwohnern geprägt. Die Universität Maribor ist mit über 25.000 Studierenden die zweitgrößte Hochschule Sloweniens, was sich für die Standortqualität besonders hinsichtlich wissens- und technologieintensiver Branchen, aber auch auf das Ausbildungsniveau der Bevölkerung äußerst positiv auswirkt. Auch wurde der Strukturwandel von der Planwirtschaft zur Marktwirtschaft mittlerweile gut vollzogen, wie die wirtschaftliche Dynamik zeigt.

Strukturell, demographisch und ökonomisch ist das agrarisch geprägte **Pomurska** die am schwächsten entwickelte Region. Allein in der Periode von 2001 bis 2007 sank die Einwohnerzahl um fast -1,8 %. Gerade in den kleinen Gemeinden nördlich der Mur ist die demographische Entwicklung dramatisch. Der Strukturwandel ist bei weitem noch nicht abgeschlossen, so sind 21 % der Erwerbstätigen in der unproduktiven Landwirtschaft tätig. Entwicklungschancen bietet vor allem das hohe regionale Tourismuspotential. So verzeichnet die Region nach der Oststeiermark die meisten Nächtigungen je Einwohner – alleine von 2004 bis 2008 konnte eine Steigerung von insgesamt +5,5 % erreicht werden.

West- und Südsteiermark: Die attraktive Landschaft, der Weinbau sowie das kulinarische Angebot machen die West- und Südsteiermark attraktiv für Tourismus. Rund 63 % der steirischen Weingärten befinden sich in der Region – touristischer Anziehungspunkt ist die Südsteirische Weinstraße. Die Arbeitslosigkeit ist auf konstant niedrigem Niveau, wobei die Region auch die niedrigste Jugendarbeitslosigkeit aufweist. Nur 4,3 % der Bevölkerung verfügen über einen Universitätsabschluss oder eine vergleichbare Ausbildung, das sind weniger als in jeder anderen Region.

1.3 STÄRKEN UND SCHWÄCHEN FÜR DIE ZUKÜNFTIGE ENTWICKLUNG DER REGION

Zu den Stärken der Region LebMur zählen neben ihrer grundsätzlich hohen Lebensqualität insbesondere ihre industrielle Basis und ihre entsprechende Ingenieurs- und Technikkompetenz, die dynamische Dienstleistungsorientierung in den slowenischen Teilregionen sowie die intensiven Forschungs- und Entwicklungsaktivitäten in der gesamten Region. Allerdings sind auch Schwächen zu finden, unter anderem die geringe Größe, die relativ schlechte Erreichbarkeit, Umweltbelastungen durch ein hohes Aufkommen des motorisierten Individualverkehrs sowie teilweise Schwächen in der Innovationslandschaft insbesondere bei den regionalen KMU und Rückstände im (unternehmensnahen) Dienstleistungsbereich.

Die Zukunft planen, das bedeutet vorhandene Stärken ausbauen und Schwächen überwinden. Sofern von allgemeinen Stärken und Schwächen des Gesamtraumes überhaupt gesprochen werden kann, sind die LebMur-Regionen doch – wie besprochen – von großen regionalen Unterschieden geprägt, aus welchen sich wiederum Stärken und Schwächen der einzelnen Teilregionen ableiten lassen (Prettenthaler (Hg.) 2006, Prettenthaler; Kirschner (Hg.) 2007a).

- Dennoch, unumstrittene Stärke der Regionen ist die industrielle Basis und die entsprechende Ingenieurs- und Technikkompetenz. Diese Technikausrichtung zeigt zwar einen deutlichen Bias zugunsten der steirischen Teilregionen – es manifestiert sich der Grazer Status als „industrielles" Zentrum –, findet jedoch ebenfalls in den slowenischen Gebieten entsprechende Synergien und Orientierungen.

- Zugleich kann auch die Dienstleistungsorientierung vor allem der slowenischen Teilregionen als Stärke von LebMur genannt werden, in der die entsprechenden Teilregionen bereits heute eine gute Positionierung vorweisen können und die eine gute Abrundung zur Technikorientierung bietet. So kann der LebMur-Raum als Ganzes gerade bei technikorientierten Dienstleistungen deutliche Entwicklungsstärken aufweisen.

- Als eine weitere Stärke muss auch die Forschungs- und Entwicklungskompetenz genannt werden. Gerade durch die große Präsenz von Universitäten und auch außeruniversitären Forschungsinstituten in der Region genießen F&E-Aktivitäten einen besonderen Stellenwert. Aber auch in der industriellen Forschung und Entwicklung zeigen sich in der Region intensive Aktivitäten. So zählt die Steiermark bereits zu den Top 20 F&E-Regionen Europas. Entsprechende Kompetenzen in den slowenischen Regionen können diese Position noch weiter untermauern.

- Eine weitere klare Stärke des LebMur-Raumes liegt in seiner Lebensqualität – und dem damit verbundenen touristischen Potential. Die urbanen Zentren Graz und Maribor bieten trotz Überschaubarkeit alle Vorteile eines urbanen Lebens, jedoch ohne die entsprechenden Nachteile großer Metropolen. Lebendige Urbanität wird zudem von attraktiven und vielfältigen Naturlandschaften begleitet. Berge, Wälder und Seen sowie landwirtschaftlich gut nutzbare Flächen runden das Regionsbild ab und sorgen für eine hohe Lebensqualität.

Ehrlicherweise kann nicht nur von Stärken des LebMur-Raumes gesprochen werden. Als klare Schwäche ist die geringe Größe der Region anzuführen, die den Aufbau notwendiger kritischer Massen für eine entsprechende Wettbewerbsfähigkeit und internationale Sichtbarkeit deutlich erschwert bzw. teilweise gar verhindert. Kirchturmdenken und singuläre Lösungen haben diese Schwäche über die letzten Jahrzehnte zum Teil noch zusätzlich verschärft. Eine Chance im Sinne kritischer Größen und internationaler Sichtbarkeiten ist auch in der Einbettung in größeren räumlichen Zusammenhängen unter Berücksichtigung von Städten wie Zagreb, Ljubljana, aber auch von Städten im oberitalienischen Raum zu sehen.

Die Erreichbarkeit liegt insbesondere in den westlichen Industriegebieten und dem regionalen Zentrum Graz weit unter den Durchschnittswerten vergleichbarer Regionen. Die überregionale wie auch die innerregionale Verkehrserschließung weisen deutliche Mängel auf – dies gilt sowohl für das Schienen- als auch für das Straßennetz. Vor allem aber bestehen zwischen Graz und Maribor gravierende Defizite in der Infrastrukturausstattung, insbesondere im Schienenverkehr und damit verbunden im öffentlichen Verkehr (ÖV). Vergleiche mit ähnlichen Grenzregionen weisen auf eine schnelle und gute Erreichbarkeit als Voraussetzung für die Schaffung einer entsprechenden Entwicklungsdynamik hin. Dennoch oder folglich genießt der motorisierte Individualverkehr mit all seinen negativen Folgeerscheinungen einen hohen Stellenwert bei den BewohnerInnen der Region.

Obwohl die slowenischen Regionen einen beachtlichen Aufholprozess hinter sich haben (insbesondere Maribor und seine umliegenden Gemeinden), dominiert Graz mit seiner Wirtschaftsleistung den gesamten grenzüberschreitenden Verdichtungsraum. Allerdings war gerade im Großraum Graz das Wachstum der letzten Jahre vor der Wirtschaftskrise großteils auf Aufholprozesse zurückzuführen. Diese Erneuerungsprozesse sind jedoch beinahe abgeschlossen. Wachstumspotentiale aus dem Aufholprozess sind somit weitgehend ausgeschöpft. Neue Möglichkeiten des Strukturwandels müssen – gerade in Zeiten der Krise – gesucht werden. Als Schwäche in der Innovationslandschaft ist zudem die starke Innovationsspitze, das heißt die Konzentration von Innovationsaktivitäten auf einige wenige Unternehmen, zu nennen. Entsprechende Defizite sind vor allem bei den regionalen KMU auszumachen. Hier gilt es grundsätzlich, eine breite Unternehmenslandschaft für kontinuierliche Innovationsaktivitäten zu gewinnen. Im Dienstleistungsbereich zeigen sich vor allem bei den steirischen Teilregionen Rückstände. Eine dementsprechend niedrige Produktivität im Dienstleistungssektor ist die Folge. Gerade bei den unternehmensnahen Dienstleistungen ist jedoch in der gesamten Region LebMur eine deutliche Schwäche auszumachen. In diesem Bereich fehlen die entsprechenden Agglomerationsvorteile besonders.

Bei jeder Diskussion langfristiger Entwicklungsoptionen und -visionen der Region LebMur gilt es, sich zuallererst die aktuell vorliegenden Entwicklungsbedingungen – und dabei insbesondere die Finanz- und Wirtschaftskrise – vor Augen zu führen.

1.4   DIE FINANZ- UND WIRTSCHAFTSKRISE: DIE RAHMENBEDINGUNGEN VERÄNDERN SICH DRASTISCH

Die zu Beginn des Jahres 2008 deutlich ausgeprägte wirtschaftliche Dynamik flachte bereits im Laufe desselben Jahres zunehmend ab. In den Sommermonaten erfassten die realwirtschaftlichen Auswirkungen der internationalen Finanzkrise sämtliche europäische Volkswirtschaften. Ausgelöst durch die schwindende Eigenkapitalbasis zweier großer Hypothekenbanken und den Konkurs diverser Versicherungskonzerne sowie Investmentbanken, die teilweise von der Federal Reserve oder anderen Geschäftsbanken übernommen werden mussten, erfasste die Liquiditäts- und Solvenzkrise das gesamte US-amerikanische Bankensystem. Der weltweite Verfall der Aktienkurse, das abnehmende Vertrauen zwischen den einzelnen Banken und die hochgradige Verschuldung der USA führten zu weiterer Verunsicherung am Finanzmarkt.

1.4.1   Rahmenbedingungen auf globaler und EU-Ebene

Mit der zunehmenden Vernetzung der nationalen Volkswirtschaften und der fortschreitenden Globalisierung der Weltwirtschaft kam es zu einer weitgehenden Anpassung der weltweiten Konjunkturzyklen mit drastischen Auswirkungen auf die exportorientierten Volkswirtschaften der Europäischen Union. Besonders Osteuropa, dessen wirtschaftlicher Aufholprozess weitgehend durch Kapitalimporte gedeckt wurde, stand angesichts der Verknappung der Finanzmittel vor großen wirtschaftlichen Problemen. Am 23. Februar 2008 musste beispielsweise Ungarn die Bindung des Forint an den Euro aufgeben, es kam zu einem massiven Kursverfall des Forint, gegen Jahresende war Ungarn nahezu zahlungsunfähig.

Das zweite Halbjahr 2008 stand ganz im Zeichen einer schweren Rezession, dennoch konnte sich die Europäische Union nicht auf ein gemeinsames Vorgehen einigen. In Verkennung der realwirtschaftlichen Situation und ungeachtet einer sich immer deutlicher abzeichnenden schweren weltweiten Rezession erhöhte die Europäische Zentralbank zur vermeintlichen Sicherung der Preisstabilität am 9. Juni 2008 den Leitzinssatz noch um 25 Basispunkte.

Europaweit brachen Bankhäuser in sich zusammen, vor allem Investmentbanken und Immobilienfinanzierer konnten sich nicht halten: Im September 2008 wurde die britische Hypothekenbank Bradford & Bingley verstaatlicht. Der Staat übernahm die Anlagen, größtenteils riskante Immobilienkredite um 50 Mrd. £. Um den Fortbestand der Fortis Bank zu sichern, erhielt diese von Belgien, den Niederlanden und Luxemburg 11,2 Mrd. € an Finanzhilfe. Das deutsche Immobilien- und Staatsfinanzierungsinstitut »Hypo Real Estate« geriet in Liquiditätsschwierigkeiten.

Am 6. Oktober 2008 vereinbarten die Regierungschefs von Frankreich, Deutschland, Italien und Großbritannien sowie die Präsidenten der Europäischen Kommission und der EZB in Anbetracht der Wirtschafts- und Finanzkrise eine flexiblere Auslegung des Stabilitätspaktes. Am 9. Oktober 2008 kam es zu einer ersten Zinssenkung. In Europa, den USA, Kanada, Großbritannien, Schweden und in der Schweiz wurden die Zinssätze in einer koordinierten Aktion um 50 Basispunkte gesenkt. Bis Jahresende senkte die EZB die Zinssätze in zwei Schritten um weitere 125 Basispunkte. Am 12. Dezember 2008 verständigte sich der Europäische Rat auf ein Konjunkturprogramm in der Höhe von 200 Mrd. € (Anteil der nationalen Maßnahmen: 170 Mrd. €). Dennoch verzeichneten die meisten europäischen Länder im Dezember bereits ein negatives Wirtschaftswachstum – erste spürbare

Auswirkungen auf den Arbeitsmarkt läuteten ein schwieriges Jahr 2009 ein. Ungeachtet der Rettungsmaßnahmen der Zentralbanken und nationalen Behörden weitete sich die Finanzkrise im Laufe des Jahres 2009 auf die europäische Realwirtschaft aus.

Die rückläufige Wirtschaftleistung in Nordamerika und Japan konnte nicht durch eine dynamische Wirtschaftsentwicklung in China und anderen Schwellenländer abgefedert werden, vielmehr kam es zu einem weltweiten Konjunktureinbruch. Die Weltwirtschaft befindet sich in einer Rezession, die Exporte und Investitionen brechen in Österreich, Slowenien und der Steiermark ein. Der Ausblick bleibt zum Jahresende 2009 uneinheitlich, positive Signale werden von Befürchtungen eines erneuten Abschwungs begleitet, da das eingetretene Wachstum noch nicht selbsttragend ist.

1.4.2   Konjunkturpolitische Maßnahmen

Österreich: Die Bundesregierung beschloss am 26. März 2008 ein »Antiinflationspaket«. Dadurch entfiel ab 1. Juli 2008 der Beitrag zur Arbeitslosenversicherung für Einkommen bis 1.000 € und wurde für Einkommen bis 1.350 € stufenweise gesenkt. Die Pensionserhöhung für 2009 wurde auf den 1. November 2008 vorgezogen. Die Pendlerpauschale und das Kilometergeld wurden um 15 % erhöht, um dem Anstieg der Treibstoffpreise entgegenzuwirken. Am 9. Juni wurde auf Antrag der Regierungsparteien die vorzeitige Auflösung des Nationalrates beschlossen, somit war das Jahr 2008 schließlich ein Wahljahr.

Am 24. September 2008, nur wenige Tage vor der Nationalratswahl, beschlossen die Regierungsparteien die Abschaffung der Studiengebühren, die Auszahlung einer 13. Familienbeihilfe, eine Erhöhung des Pflegegeldes um 4 % bis 6 %, die Anhebung der Pensionen um 3,4 %, die Verlängerung der »Hacklerregelung« um drei Jahre, die Halbierung des Mehrwertsteuersatzes auf Medikamente, eine steuerliche Besserstellung von Überstundenzuschlägen und eine Verschiebung der Valorisierung der Autobahnvignette auf 2010. Zudem wurden zusätzliche Einmalzahlungen für Pensionisten sowie Energiekostenzuschüsse für Personen mit Ausgleichszulage beschlossen.

Somit wurden die Grundzüge der Wirtschaftspolitik der nächsten Jahre vorweggenommen, zahlreiche Mehrausgaben wurden bei gleichzeitig sinkenden Staatseinnahmen über Neuverschuldung finanziert.

Zur Entlastung der angespannten Situation am Finanzmarkt wurde am 20. Oktober 2008 ein Paket zur Sicherung des Finanzmarktes im Ausmaß von insgesamt 100 Mrd. € beschlossen. Im Zuge dessen erließ der Nationalrat das Interbankenmarktstärkungsgesetz sowie das Finanzmarktstabilisierungs-gesetz und änderte zudem das Finanzmarktaufsichtsgesetz, das Bankwesengesetz und das Bundesfinanzgesetz. Der Bund stellte außerdem einen Haftungsrahmen von 75 Mrd. € bereit. Weiters wurde eine Ausweitung der Einlagensicherung auf unbegrenzte Höhe für Einzelpersonen sowie auf 50.000 € für Klein- und Mittelunternehmen im Umfang von 10 Mrd. € veranschlagt und eine 15 Mrd. € hohe Eigenkapitalstärkung einzelner Kreditinstitute zu marktorientierter Verzinsung festgelegt.

Slowenien: In Slowenien wurde ebenfalls Ende 2008 eine neue Nationalversammlung gewählt. Die Regierungsbildung zog sich bis Mitte November hin, was die Wirtschafts- und Finanzkrise in den Hintergrund treten ließ. Die Regierung kündigte jedoch rasche Maßnahmen zur Ankurbelung der Wirtschaft an. In der ersten regulären Parlamentssitzung nach der Wahl wurde eine »crisis group« bestehend aus mehreren wichtigen Ministern gebildet, welche die Bekämpfung der Wirtschaftskrise in Angriff nehmen sollte.

Das erste Konjunkturpaket in Höhe von 806 Millionen Euro wurde im Dezember 2008 von der slowenischen Regierung beschlossen. Gewährleistet werden sollten dadurch neben der Liquidität im Bankensektor auch die zukünftigen Investitionsanreize in kleinen Unternehmen. Das Paket, welches vom Umfang her 2,13 % des slowenischen Bruttoinlandsprodukts entsprach, sorgte mit etwa 230 Millionen Euro auch für die finanzielle Unterstützung von Unternehmen, welche Kurzarbeit beschlossen hatten. Mit ca. 68 Millionen Euro wurden Forschung, Entwicklung und Bildung unterstützt (Slowenische Regierung 2009).

Im Zuge der sich rasant zuspitzenden wirtschaftlichen Lage wurde ein zweites Konjunkturpaket im Umfang von maximal 2,2 Mrd. Euro Ende Februar 2009 beschlossen. 1,2 Mrd. Euro davon sind vorgesehen für Staatsgarantien für Bankkredite an Unternehmen, 500 Millionen für Unternehmensbürgschaften, 300 Millionen Euro für saubere Technologien in der Industriebranche und 160 Millionen für die slowenische Export- und Entwicklungsbank SID. Der Rest wird unter anderem für den Ausbau des Breitbandnetzes und für Energieeffizienzmaßnahmen verwendet. Diese Summen – vor allem die Staatsgarantien – sollten nach Möglichkeit aber nicht voll ausgeschöpft werden und sind teilweise bis Ende 2010 befristet. Neben diesen Strukturpaketen wurde auch die Senkung der Körperschaftssteuer von 22 % auf 21 % im Jahr 2009 und auf 20 % im Jahr 2010 beschlossen. Geldpolitisch wurden eine unbegrenzte Garantie auf Bankeinlagen bis zum Jahr 2010 und Bankgarantien bis zu maximal 12 Mrd. Euro festgelegt. Über slowenische Staatsanleihen finanziert wurde auch eine Staatseinlage für das Bankensystem in Höhe von über 1 Mrd. Euro (Germany Trade & Invest 2009).

1.4.3 Ausblick in die Zukunft

Der Internationale Währungsfonds (IMF 2009) geht in seinem World Economic Outlook Update vom Juli 2009 davon aus, dass nach einem weltweiten Outputrückgang von -1,4 % im Jahr 2009 bereits 2010 ein globales BIP-Wachstum von 2,5 % erwirtschaftet werden kann. Dies wird aber großteils den aufstrebenden Volkswirtschaften in Asien zuzuschreiben sein, die EU wird auch 2010 mit einem Minus von 0,1 % zu kämpfen haben. Die Europäische Kommission (2009) geht in ihrer Frühjahrsprognose 2009-2010 von einer Verringerung der Wirtschaftsleistung 2009 um -2,9 % in den USA, -5,3 % in Japan und -4,0 % für die EU-27 aus. Die Erholung der Weltwirtschaft wird in Folge der durch die Regierungen beschlossenen Maßnahmen für das zweite Halbjahr 2009 erwartet. Für 2010 wird ein Wachstum der Wirtschaftsleistung von 0,9 % in den USA und 0,1 % in Japan erwartet. Die EU-27 wird mit -0,1 % im Jahr 2010 vermutlich stagnieren.

Tabelle 2:   OECD-Wachstumseinschätzung, prozentuelle Veränderungen zur Vorperiode

	1996-2005	2006	2007	2008	2009	2010
reales BIP-Wachstum OECD	2,8	3,1	2,7	0,8	-4,1	0,7
reales BIP-Wachstum Eurozone	2,1	3	2,6	0,5	-4,8	0
Arbeitslosenrate OECD	6,6	6	5,6	5,9	8,5	9,8
Inflationsrate OECD	3,3	2,3	2,3	3,2	0,6	0,8
reales Welthandelswachstum	6,9	9,5	7,1	2,5	-16	2,1

Quelle: OECD, eigene Darstellung JR-InTeReg.

Die OECD (2009) hingegen geht in ihrer Prognose für 2010 – zumindest für die Eurozone – von einem Nullwachstum und einem weiteren Anstieg der Arbeitslosigkeit in den OECD-Staaten aus. 2010 wird mit einem realen Welthandelswachstum von 2,1 % gerechnet.Die Bruttostaatsverschuldung in Prozent des Bruttoinlandsproduktes steigt. Diese steigt laut OECD-Prognosen von 74,6 % im Jahr 2006 auf 89,2% im Jahr 2010 an. Für die Nationalstaaten wird es in Zukunft schwierig sein, die Balance zu finden zwischen einer effektiven Bekämpfung der Rezession und einer nachhaltigen Budgetpolitik, welche mittelfristig nicht an Steuererhöhungen und/oder Ausgabenkürzungen vorbeikommen wird.

Österreich & Slowenien: Österreichs Wirtschaft ist aufgrund ihrer Exportorientierung sehr an die Entwicklung der Weltwirtschaft gekoppelt. Dieser Umstand lässt sich gut anhand folgender Abbildung verdeutlichen.

Abbildung 1:   Export- und BIP-Veränderungen Österreichs 2007-2009

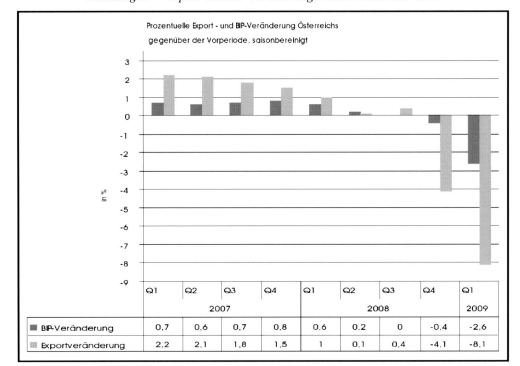

Quelle: EUROSTAT, eigene Darstellung JR-InTeReg.

Laut IHS, WIFO und der Europäischen Kommission bedeutet das für 2009 ein Negativwachstum zwischen -3,4 % und -4,3 %. IHS und WIFO gehen für für 2010 von einem leichten Wachstum aus, wie sich in folgender Tabelle ablesen lässt, in der auch andere wichtige Wirtschaftsindikatoren abgebildet sind.

Tabelle 3:   Österreicheinschätzungen, WIFO, IHS und der Europäischen Kommission, prozentuelle Veränderungen zur Vorperiode, saisonbereinigt

	WIFO		IHS		Europäische Kommission	
	2009	2010	2009	2010	2009	2010
reales BIP-Wachstum	-3,4	0,5	-4,3	0,3	-4	-0,1
Exportveränderung	-15,1	0,7	-11,2	1,9	-10,9	0,4
Arbeitslosigkeit nach Eurostat	5,3	5,8	5,4	6,3	6	7,1
Konsumentwicklung	0,2	0,5	-0,2	0,2	0,1	0,4
unselbstständig Aktivbeschäftigte	-1,5	-1,1	-1,5	-1	-2,7	-0,9

Quelle: WIFO, IHS, Europäische Kommission, eigene Darstellung JR-InTeReg.

Slowenien erlebt derzeit die schwerste Krise seit der Unabhängigkeit. Für 2009 wird von der OECD mit einem Outputrückgang von -5,8 % gerechnet. Das IHS geht für 2009 von einem Minus von 5 % aus, für 2010 wird aber ein Wachstum von 0,5 % erwartet. Die Europäische Kommission geht für 2010 ein Wachstum von 0,7 % aus.

Tabelle 4:   Slowenieneinschätzungen der Europäischen Kommission, prozentuelle Veränderungen zur Vorperiode, saisonbereinigt

	2009	2010
reales BIP-Wachstum	-3,4	0,7
Exportveränderung	-11,8	-0,3
Konsumentwicklung	-0,4	0,6
Arbeitslosigkeit nach Eurostat	6,6	7,4
unselbstständig Aktivbeschäftigte	-4,7	-0,6
Finanzierungssaldo des Staates (Maastricht)	-5,5	-6,5

Quelle: Europäische Kommission, eigene Darstellung JR-InTeReg.

Wie auch Österreich wird Slowenien vor allem vom ausländischen Nachfragerückgang getroffen. Dies sorgt für eine deutlich höhere Arbeitslosigkeit, vor allem in den nordslowenischen Regionen.

Abbildung 2:   Arbeitslosenraten in Slowenien und Österreich

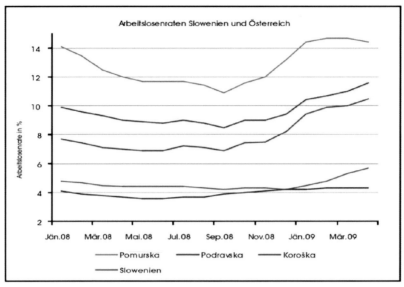

Quelle: SI-STAT, EUROSTAT, eigene Darstellung JR-InTeReg.

Stark rückläufig ist in Österreich, Slowenien und vor allem der Steiermark das Wachstum der Zahl der unselbstständig Beschäftigten. Besonders die Steiermark ist aufgrund der guten Positionierung im Produktionsbereich (v.a. Fahrzeugbau, Bauwesen, Elektro- und Holzbranche) überdurchschnittlich betroffen.

Abbildung 3:   Steiermark, Österreich, Slowenien – Wachstum der unselbstständigen Beschäftigung in % zum Vorjahr bzw. Quartal des Vorjahres

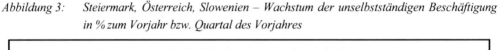
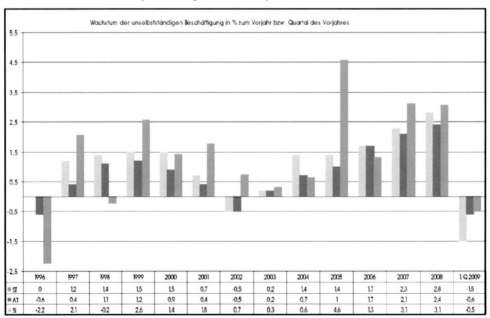

Quelle: SI-STAT, EUROSTAT, eigene Darstellung JR-InTeReg.

Die zwei Konjunkturpakete sorgten in Slowenien für eine Dämpfung der Wirtschaftskrise. Das Hauptaugenmerk sollte laut OECD in den nächsten Monaten auf dem Kreditsektor liegen, in dem möglicherweise einige Ausfälle aufgrund zu exzessiver Kreditvergabe zu befürchten sind.

1.4.4 Die Bedeutung der Krise für die Szenarien

Ohne Zweifel erlebt die Welt spätesten seit Mitte 2009 die schwerste Wirtschaftskrise seit Ende des zweiten Weltkrieges. Auch wenn sich ab der zweiten Jahreshälfte das wirtschaftliche Umfeld maßgeblich verbesserte, bleibt ein hohes Maß an Unsicherheit bestehen. Obwohl die Weltwirtschaft wieder wächst, erholt sich die internationale Nachfrage nur schleppend. Zudem ist das ohnehin moderate Wachstum ungleich verteilt, Brasilien und China sind zusammen mit Indien, wenn auch mit klarem Abstand, die Wachstumsmotoren der Weltwirtschaft. In Europa sind die Aussichten verhalten, gerade in den Boom-Märkten der vergangenen Jahre tun sich mit der Finanzkrise immer neue Problemfelder auf. Die baltischen Länder haben oder werden ihre Währung drastisch abwerten müssen, der geschaffene Wohlstand des letzten Jahrzehnts schwindet. Westeuropäische Finanzinstitute haben Milliarden Euro in den neuen Mitgliedsstaaten der Europäischen Union verloren, weitere Wertberichtigungen könnten die Situation noch verschärfen. Ein nicht ganz so neues Problem ergibt sich aus der wachsenden Staatsverschuldung in nahezu sämtlichen Industrieländern. Ungarn und Rumänien waren beispielsweise auf Kredite vom IWF angewiesen. Der Druck, sich der enormen Schuldenlast mittels Inflation zu entledigen, steigt, in den Vereinigten Staaten wurden die Notenpressen bereits Mitte 2008 angeworfen, weitere Länder, etwa das Vereinigte Königreich, dürften bald folgen.

Die Krise beschleunigt den strukturellen Wandel – somit reifen Strukturschwächen, welche in der Hochkonjunktur noch einigermaßen leicht zu „überspielen" waren, zu echten Problemen. Die Neuverschuldung beschränkt den Ermessensspielraum der Regierungen auf Jahrzehnte. Die Fronten in einem neuen Verteilungskampf erhärten sich – eine ihrer Chancen beraubte junge Generation steht (wie die Ausschreitungen in Athen oder in fast allen größeren Städten Frankreichs zeigen) einer wachsenden Generation von Pensionisten gegenüber. Einkommen, Steuern, Kapital, aber auch Arbeit sind in immer ungleicherem Maße über Generations- und Bildungsschichten verteilt – ein Prozess der sich aller Wahrscheinlichkeit nach weiter fortsetzen wird.

Somit sind die geschätzten Eintrittswahrscheinlichkeiten aber auch die Akzentuierung der folgenden drei Szenarien neu zu überdenken. Das Szenario *Wissensintensiver Industriestandort* – hier steht Wachstum klar im Vordergrund, der Staat beschränkt sich auf das Wesentliche – wird wahrscheinlicher. Steigend Arbeitslosigkeit und Neuverschuldung zwingen Regierungen, sich wesentlichen Maßnahmen zur Arbeitsplatzsicherung zu konzentrieren. Neue – wenn auch nicht notwendigerweise bessere Arbeitsplätze – können nur über ein schnelles Wachstum geschaffen werden, mit geringerer Rücksicht auf Umwelt- oder Sozialstandards. Allerdings wird dieses Wachstum sehr wohl die neuen Rahmenbedingungen eines globalen Klimaregimes der Post-Kyoto Ära für „grüne" Wachstumsimpulse nutzen. Aber das F&E Profil dieses Szenarios wird durch die Krise zugunsten von kurzfristig orientierten Maßnahmen der Standortsicherung geschwächt.

Szenario zwei, ein vergleichsweise verhaltenes Bild der Zukunft, geht von einer fortlaufenden und nachhaltigen Schwächung der Weltwirtschaft aus, eine Vision, die im Zeichen einer Weltwirtschaftkrise wiederum weit wahrscheinlicher scheint. Die hier gezeichnete dienstleistungsorientierte Besinnung auf regionale Stärken gewinnt mit Sicherheit an Bedeutung und wird, zumindest in Teilen, Realität werden.

Diese Verschiebungen der Eintrittswahrscheinlichkeiten gehen zu lasten des ebenfalls stark forschungsgetriebenen Zukunftsszenarios *Créateur d'Alternatives*, hier stehen eine Entkoppelung von Wirtschaftswachstum und Energieverbrauch sowie eine internationale Positionierung im Umweltenergiebereich im Zentrum der Überlegungen. Forschung und Entwicklung sowie Innovation benötigen langfristige Zielsetzungen, klare Rahmenbedingungen, aber auch eine entsprechende finanzielle Ausstattung. Somit liegen die Problemfelder auf der Hand, in Österreich ist zu befürchten, und zeigt sich auch 2009 bereits in Grundsatzentscheidungen, dass es im Zuge der kommenden Budgetsanierung im Bereich Forschung und Entwicklung Einsparungen vorgenommen werden

JOANNEUM RESEARCH

Wissensintensiver Produktionsstandort

Entwicklungsszenario 1

JR FACT SHEET No 1/2008 | **Autoren:** Eric Kirschner, Franz Prettenthaler

Teil **C1** LebMur

Szenarien für den
Verdichtungsraum Graz – Maribor
Projektleitung: Franz Prettenthaler / JOANNEUM RESEARCH
ZUKUNFTS*fonds*...

Das Szenario in 30 Sekunden

Liberalisierung der Märkte :: Wissens- und Technologieorientierung :: hohe Wachstumsraten in den Hochtechnologiesektoren :: Positionierung als F&E Standort :: steigende räumliche Disparitäten :: Reduzierung der Sozialleistungen :: hohe Energieimportabhängigkeit :: Vernachlässigung einer nachhaltige Wirtschaftspolitik

Es gelingt der Region, sich auf ihre Stärken im Ingenieur- und Technikbereich zu konzentrieren. Forschungskompetenzen werden ausgebaut, Wertschöpfungsanteile verlagern sich von der Mittel- zur Hochtechnologie. Multinationale Unternehmen und F&E prägen das wirtschaftliche Umfeld. Durch die höhere Individualisierung der Produktion profi - tieren unternehmensnahe Dienstleistungen bei hoher Zuwanderung zur Standortsicherung. Zugleich steigen die sozialen und räumlichen Disparitäten. Die Errichtung einer politischen Union wird aufgegeben – die EU hat den Status einer „Freihandelszone de luxe". Die Importabhängigkeit bei Energie ist hoch. Die Leistungen des Sozialstaates werden reduziert und die Liberalisierung der Märkte wird weiter vorangetrieben. Die Vernachlässigung von Nachhaltigkeit führt zu stärker werdenden Umweltproblemen, es kommt zu einer Verknappung der Umweltressourcen bei gleichzeitig stark ansteigen - dem Verkehrsaufkommen, der öffentliche Verkehr in und zwischen den Kernräumen musste massiv ausgebaut werden.

Mensch	Umwelt	Wirtschaft
B. Anteil der Diplomingenieure an unselbständig Beschäftigten hohe Investitionen in Naturwissenschaften und Technik	**N.** Erreichbarkeit im internationalen Vergleich mit öffentlichen Verkehrsmitteln durch Zuwächse im internationalen Flugverkehr	**M.** Versorgungssicherheit bei Energie zentralisierte Versorgungslösung
C. Anteil der Beschäftigten im Industriesektor hohe Individualisierung der industriellen Produktion	**O.** Anteil erneuerbarer Energie an der Brutto - inlandsproduktion Gas und Kohle dominieren	**P.** Energiekosten in der Produktion steigt überproportional stark
J. Anteil der über 60-Jährigen an der Gesamtbevölkerung niedrige Geburtenrate bei hoher Zuwanderung	**R.** Anzahl der Patente im Bereich erneuerbarer Energien/Umwelttechnologie stabiler Nischenmarkt	**W.** F&E-Quote steigt
K. Anteil der Beschäftigten im Umwelttechnologiebereich nur partielle Nachfrage nach Effizienztechnologien	**T.** Verknappung regionaler Umweltressourcen stärkere Umweltverschmutzung, aber Innovationen im öffentlichen Verkehr	**Z.** Technologiequote Hochtechnologie steigt überproportional
L. Zuzug die Region ist begehrte EinwanderungsregionJntegrationskonflikte bleiben nicht aus	**V.** Endogene Nachfrage nach Nachhaltigkeitsprodukten und -technologien stagniert trotz temp. Nachfragespitzen	**AA.** Dienstleistungsquote (incl. BB. Wissensintensive Dienstleistungsquote) wissensintensive DL steigen leicht an Verflechtungen DL und pord. Bereich
		HH. Wirtschaftsleistung (BRP je Einwohner) steigt aber strukturschwache Peripherie

Europäisches Rahmenszenario Triumph der globalen Märkte

hohes Wirtschaftswachstum :: Wettbewerbsfähigkeit im Hochtechnologiebereich verstärkter Abbau des Sozialstaates :: geringe soziale Kohäsion :: Bevölkerungswachstum :: liberale Migrationspolitik

IPCC-Szenario A1: rapid and successful economic development

JOANNEUM RESEARCH Forschungsgesellschaft mbH
Institut für Technologie- und Regionalpolitik – InTeReg

INNOVATION aus TRADITION

2 Wissensintensiver Produktionsstandort

Knowledge is our most powerful engine of production; it enables us to subdue nature and force her to satisfy our wants.

(Alfred Marshall – Principles)

Das Europa dieser Zukunft ist ein wirtschaftlich prosperierendes Staatsgebilde – mit beständig stärker werdenden internationalen Handelsbeziehungen, raschem technologischen Fortschritt und wachsender Arbeitsproduktivität. Nach dem Scheitern der politischen Union ist die europäische Wirtschaftspolitik – die Sicherung von Wirtschaftswachstum mit Hilfe eines hochqualitativen Forschungs- und Innovationssystems – das vorrangige Ziel der Mitgliedstaaten. Die Welt des europäischen Rahmenszenarios „Triumph der globalen Märkte", welches sich wiederum aus der SRES-Szenarienfamilie A1 ableitet (Prettenthaler, Schinko 2007), gibt die europäischen und internationalen Rahmenbedingungen für das Szenario „Wissensintensiver Produktionsstandort" vor.

Der freie Wettbewerb ist oberstes Dogma des globalen und des europäischen Handelns – die Fähigkeit zur Innovation als Grundlage internationaler Konkurrenzfähigkeit nimmt eine immer größer werdende Rolle ein. Europa wird für wissensintensive Unternehmen zu einem attraktiven Standort und zieht Zuwanderer aus aller Welt an. Junge, technologieorientierte Unternehmen sind der Schlüssel für Produktivitätssteigerungen, Wirtschaftswachstum und die Schaffung neuer Arbeitsplätze. In der verarbeitenden Industrie machen nicht mehr die Produktionen selbst den Großteil der Wertschöpfung aus, sondern die zu den Produkten angebotenen personalisierten Dienstleistungen. Weltweit geht ein rascher technologischer Fortschritt vonstatten was nicht zuletzt an der starken internationalen Mobilität von Menschen, Ideen und Technologien liegt. Dennoch gelingt es nicht, globale Sozial- und Umweltstandards umzusetzen. Die Göteborg-Ziele – eine Entkoppelung des Ressourcenverbrauchs vom starken Wirtschaftswachstum – können nicht erreicht werden.

Die Zukunft des Verdichtungsraums Graz-Maribor im Entwicklungsszenario *Wissensintensiver Produktionsstandort* wird von Innovation und Wettbewerb bestimmt. Europa kann über Wissens- und Technologieorientierung einen klaren Wettbewerbsvorsprung gegenüber seinen asiatischen und transatlantischen Konkurrenten aufbauen – und halten. Auf nationaler Ebene gelingt ein beispielloser ökonomischer Konvergenzprozess. Europa ist eingebettet in eine wirtschaftlich prosperierende Welt mit einer sich näher kommenden Weltbevölkerung – bei gleichzeitig weiter zunehmenden regionalen und räumlichen Disparitäten innerhalb der Länder.

Das hohe Wachstum wird vor allem in Agglomerationszentren erwirtschaftet, hier finden sich die Industrie, das Kapital und die Humanressourcen, vor allem aber das Wissen – in kritischen Größen –, die notwendig sind, um kompetitive Vorteile aufbauen und dann auch nutzen zu können. Gerade Gebiete abseits von regionalen Zentren und Metropolregionen (Aumayr 2006a) – Gebiete mit schlechter Verkehrsanbindung und unzureichender Faktorausstattung – sind die Verlierer dieses Konzentrationsprozesses. Zudem beschränken sich die Deregulierungs- und Liberalisierungsschritte nicht auf den wirtschaftlichen Bereich, auch die sozialen Rahmenbedingungen erfahren dramatische

Veränderungen. Es kommt zu einem nicht unwesentlichen Abbau des Sozialstaates sowie zu einer beträchtlichen Reduktion von Transferzahlungen und staatlichen Leistungen, auch wird die Subventionierung nicht-wettbewerbsfähiger Branchen drastisch reduziert.

Für die Region LebMur bedeuten diese Tatsachen eine klare Orientierung auf industrielle Forschung, Entwicklung und Innovation. Diese Entwicklungsrichtung war zudem bei den Befragungsergebnissen im Vorfeld der Szenarienerstellung mit als größte Chance für das Jahr 2030 eingestuft worden (Höhenberger, Prettenthaler 2007, C2), waren doch Entwicklungsfaktoren wie Humankapital, neue Technologien, Forschung und Entwicklung sowie internationale Kooperationen unter den häufigsten Nennungen zu den Entwicklungschancen und -möglichkeiten für die Regionen des Verdichtungsraums Graz-Maribor.

2.1   DER MENSCH IM WISSENSINTENSIVEN PRODUKTIONSSTANDORT

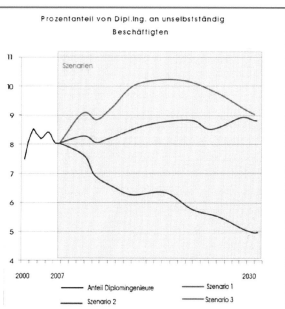

Die Bildungsoffensive im Bereich der technischen und naturwissenschaftlichen Studienrichtungen ermöglicht es den Regionen, ausreichend hoch qualifizierte Absolventen für den boomenden Hochtechnologiebereich zu gewinnen. Der Anteil der Diplomingenieure an den unselbstständig Beschäftigten erfährt vor allem zu Beginn der 2010er Jahre einen rasanten Anstieg und spiegelt die wachsende Nachfrage an hoch qualifizierten Arbeitskräften im produzierenden Bereich wider. Es kommt zu neuen Betriebsansiedelungen und Investitionen – was wiederum zu einem attraktiven Arbeitsplatzangebot in der Region führt. Mittelfristig führen strukturelle Versäumnisse zu einer Übersättigung des Arbeitsmarktes. Wachsende Umweltprobleme erzwingen eine Umstrukturierung, energie- und ressourcenintensive Industrien verlieren zunehmend an Bedeutung. Der Anteil der Diplomingenieure an den unselbstständig Beschäftigten sinkt, langfristig stagniert dieser Indikator jedoch auf hohem Niveau.

Box 1:   Anteil der Diplomingenieure an unselbstständig Beschäftigten.

Der Mensch findet sich in diesem ersten Szenario in einer von Wissen, Innovation und Konkurrenz geprägten, schnelllebigen Welt wieder. Hohe Investitionen in Naturwissenschaften und Technik und immer kurzlebigere Produktzyklen erhöhen die Nachfrage nach immer mehr besser ausgebildeten und hoch qualifizierten Beschäftigten – vor allem in technisch-naturwissenschaftlichen Bereichen. Diese Arbeit wird gut bezahlt und genießt einen hohen gesellschaftlichen Stellenwert – immer mehr junge Leute können sich für Technik begeistern, die Zahl der Diplomingenieure steigt beständig – hier finden sich die Gewinner des Strukturwandels.

Um 2015-2020 treten allerdings aufgrund des expansiven Wirtschaftsstils immer gravierendere
Umwelt- und Verkehrsprobleme in der Region auf. Diese betreffen insbesondere die regionalen
Zentren Graz und Maribor. Bis 2015 wird bei Aus- und Weiterbildungsangeboten vorrangig auf die
Bereitstellung von Studien, welche die Ausweitung des Hochtechnologiesektors begünstigen, geachtet.
Erst ab 2015 gelingen ein gesellschaftliches Umdenken und ein politischer Richtungswandel:

- Nachhaltige Technologien und Produktionsmethoden, Ressourcen- und Energieeffizienz, aber
  auch ein regionaler Ausgleich werden – neben einem regionalen Ausgleich der Teilregionen –
  prioritäre Ziele im Raum LebMur.

- Die Notwendigkeit für neue Ausbildungsschwerpunkte im Umwelt- bzw.
  Umwelttechnologiebereich wird erkannt, da Fachkräfte und Ingenieure im
  Umwelttechnologiebereich am Arbeitsmarkt nur schwer verfügbar sind, auch entspricht die
  bisherige Ausbildung der Diplomingenieure und Techniker der Region diesen neuen
  Qualifikationsbedürfnissen nicht unbedingt. Insgesamt sinkt der Anteil der Diplomingenieure
  ab 2017 wieder (wie in Box 1 dargestellt).

- War im Szenario *Wissensintensiver Produktionsstandort* von Beginn des
  Projektionszeitraumes an – im Gegensatz zum Szenario *Région Créateur d'Alternatives* – im
  Umwelttechnologiebereich nur eine partielle Nachfrage nach effizienzsteigernden
  Technologien vorhanden, so steigt diese gegen Ende des Beobachtungszeitraumes stark an.
  Gleichzeitig steigt auch die Zahl der Beschäftigten im Umwelttechnologiebereich.

Die zunehmende Liberalisierung sämtlicher Bereiche der Gesellschaft lässt auch im Verdichtungsraum
Graz-Maribor die Einkommensdifferenzen zwischen gut und schlecht Qualifizierten – die Dualisierung
der Gesellschaft – immer größer werden. Letztere müssen – gerade durch die Herabsetzung des
Mindestlohnes und die Aufkündigung der Kollektivverträge – Realeinkommenseinbußen erleiden. Hier
finden sich die Verlierer des schnellen Strukturwandels wieder, diese haben nicht nur mit geringeren
Löhnen, sondern auch mit höherer Arbeitsplatzunsicherheit zu kämpfen (ihre unmittelbaren, aus Asien
stammenden Mitbewerber um Produktionsaufträge sind bei weitem billiger).

Auch geht im produzierenden Bereich die Nachfrage nach unqualifizierten Arbeitskräften zurück –
wenn auch nur leicht. Der Anteil der im Industriesektor Beschäftigten geht nur leicht zurück, weil sich
durch eine hohe Individualisierung der industriellen Produktion, die Positionierung in
Nischensegmenten sowie die schrittweise Verlagerung in Richtung Hochtechnologie die heimische
Wirtschaft gut gegenüber der Billiglohnkonkurrenz aus Asien absetzen kann. Im Vergleich hierzu
reduziert sich der *Anteil der Beschäftigten im Industriebereich* in den nachfolgenden Szenarien *High
End Destination for Services* beziehungsweise *Région Créateur d'Alternatives* noch weiter – als
logische Folge des andauernden Strukturwandels.

Unqualifizierte Arbeit wird hauptsächlich im weniger produktiven Dienstleistungssektor nachgefragt –
in diesem Sektor hat jedoch gerade der beschäftigungsintensive Tourismusbereich mittelfristig mit
Umweltproblemen zu kämpfen. Zudem ist der Verdichtungsraum Graz-Maribor eine begehrte
Zieldestination für ausländische Arbeitnehmer, eine generell liberale Migrationspolitik führt jedoch zu
Spannungen in der Region:

- Einerseits übt vor allem die Zuwanderung von Niedrigqualifizierten Druck auf den regionalen
  Arbeitsmarkt aus – was zu steigenden Integrationskonflikten und sozialen Spannungen führt.

- Andererseits wird jedoch hoch qualifiziertes Arbeitskräftepotential gerade für den Forschungs- und Technologiebereich nachgefragt. Hier profitiert die Region von Zuwanderung, insbesondere im technischen Bereich, und für Forschung und Entwicklung können neue dringend benötigte Arbeitskräfte gewonnen werden, um dem steigenden Bedarf an qualifizierten Fachkräften überhaupt erst gerecht werden zu können. Auch werden neue Mobilisierungspotentiale erschlossen – die Technik ist keine Männerdomäne mehr, junge,hoch motivierte Frauen drängen in die prestigeträchtigen und gut bezahlten technischen Berufe: „Die Technik ist weiblich", wie es im Zukunftsworkshop sehr plakativ angesprochen worden ist.

- Ziel der regionalen sowie internationalen Migration sind hauptsächlich die urbanen, industriell geprägten Agglomerationszentren mit ihren guten Anbindungen an die transeuropäischen Verkehrsnetze. Problematisch ist die demographische Entwicklung in peripheren Regionen. Gerade kleine Ortschaften, abseits der regionalen Zentren gelegen, verlieren ihre funktionale Bedeutung. In der Folge wandern immer mehr junge Menschen ab.

Die wirtschaftliche Entwicklung innerhalb der Regionen fällt höchst unterschiedlich aus, die regionalen Unterschiede im Pro-Kopf-Einkommen wachsen. Das hohe Wirtschaftswachstum in Europa, aber auch in der Region LebMur, wird speziell vom Hochtechnologiebereich getragen, also von den typischen Wirtschaftsbereichen großer und mittelgroßer Agglomerationen – der ländliche Bereich hat mit zunehmenden strukturellen Problemen zu kämpfen, was die Einkommensungleichheiten von Land und Stadt weiter verstärkt.

Auch wird das vergleichsweise hohe Bevölkerungswachstum vor allem durch die äußerst liberale Migrationspolitik gespeist. Aufgrund der Stellung als international begehrte Einwanderungsregion kann der *Anteil der über 60-Jährigen an der Gesamtbevölkerung* trotz einer geringen Geburtenrate annähernd stabil gehalten werden. Die Region bleibt „jung", nicht zuletzt auch aufgrund der ausgezeichneten Positionierung der technischen sowie naturwissenschaftlichen Studienrichtungen an den Universitätsstandorten Graz und Maribor am internationalen Hochschulmarkt. Diese beiden Zentren der Bildung ziehen viele junge motivierte Menschen aus ganz Europa an.

2.2   DIE UMWELT IM WISSENSINTENSIVEN PRODUKTIONSSTANDORT

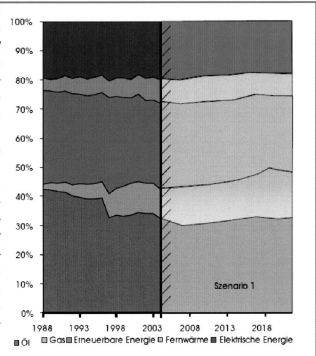

Die stark wachsende Produktion im produzierenden Bereich, aber auch mangelnder Einsatz von Effizienz- und Vermeidungstechnologien vor allem aber fehlendes Umweltbewusstsein der Bevölkerung lassen die Nachfrage nach Energie im Verdichtungsraum Graz-Maribor stark ansteigen. Befriedigt wird diese wachsende Nachfrage durch die Industrie selbst. Immer mehr neue Kohle und Gas-kraftwerke entstehen, erneuerbare Energiequellen werden kaum mehr erschlossen. Somit sinkt der Anteil erneuerbarer Energie an der Bruttoinlandsproduktion im Szenario Wissensintensiver Produktionsstand-ort am stärksten von allen Zukunfts-szenarien. Diese Entwicklung ist wesentlich durch das Scheitern des Kyoto-Protokolls beeinflusst. Auch setzt die Wirtschaftspolitik keine ausreichenden Anreize für In-vestitionen in erneuerbare Energien. Erst nach 2015 gelingen nachhaltige, dezentrale Versorgungs-lösungen, langfristig stabilisiert sich der Anteil der erneuerbaren Energieträger auf geringem Niveau.

Box 2:   Energiemix Wissensintensiver Produktionsstandort.

Kennzeichnend für die erste Phase im Entwicklungsszenario *Wissensintensiver Produktionsstandort* sind die Verknappung der Umweltressourcen und ein gesellschaftliches Desinteresse gegenüber Umweltagenden, was letztlich jedoch zu sinkender Lebensqualität führt. Ungelöste Verkehrsprobleme im städtischen Bereich manifestieren das anhaltend schlechte Image von Graz als Feinstaubhauptstadt des deutschen Sprachraums (Stuttgart war es gelungen, sein Feinstaubproblem 2015 zu lösen). Die Göteborg-Ziele – eine Entkoppelung des Ressourcenverbrauchs vom starken Wirtschaftswachstum – können bei weitem nicht erreicht werden. Verstärkt wird die Umweltproblematik durch die Folgen des vom Menschen verursachten Klimawandels. Es war der Region nicht gelungen, eine ressourcenschonende, emissionsarme Energieversorgung umzusetzen – Kohle- und Gaskraftwerke befriedigen eine wachsende Energienachfrage, der Anteil erneuerbarer Energieträger an der Energieproduktion sinkt beständig (siehe Box 2).

Das Zusammenspiel dieser Faktoren führt gerade in der Zeit nach 2015 zu einer merklichen Verringerung der Lebensqualität und der Standortattraktivität des Verdichtungsraums, vor allem aber in den Ballungsräumen der Region – was sich, gerade in der langen Frist, nachdrücklich auf das anfänglich hohe Wirtschaftswachstum nach der Krise auswirkt. Um den Weg zur international wettbewerbsfähigen Technologieregion langfristig bestreiten zu können, müssen in der Region auch entsprechende Investitionen in den Ausbau der regionalen Infrastruktur vorgenommen werden. Die überregionale Erreichbarkeit der Region LebMur wird deutlich verbessert – weiterhin sind Auto und Flugzeug die wichtigsten Verkehrsmittel, zulasten des weitgehend vernachlässigten öffentlichen Verkehrs. Gerade durch den Ausbau der Flugverbindungen von und nach Graz gewinnt der Standort um das regionale Zentrum Graz an Attraktivität. Der Indikator Erreichbarkeit im internationalen Vergleich mit öffentlichen Verkehrsmitteln profitiert somit nur von den Zuwächsen im (inter-)nationalen Flugverkehr und kann lediglich gesteigert werden.

Mobilität wird im Verdichtungsraum Graz-Maribor zunehmend wichtiger. In den Ballungsräumen rund um Graz und Maribor floriert die Industrie nach der Finanzkrise. Hier entstehen die meisten Arbeitsplätze – immer mehr Menschen aus den umliegenden Regionen pendeln ein – aufgrund mangelnder Alternativen mit dem PKW. Die Verkehrsprobleme nehmen zu, der Energiebedarf der produzierenden Unternehmen wächst – der Einsatz fossiler Energieträger steigt – auf Kosten der Umwelt. Die Feinstaubbelastung in der Region Graz ist die höchste Europas – die Lebensqualität in der Stadt sinkt. Ein spätes Umdenken in der Verkehrspolitik kommt der Region aufgrund der jahrelang vernachlässigten öffentlichen Verkehrsinfrastruktur teuer zu stehen.

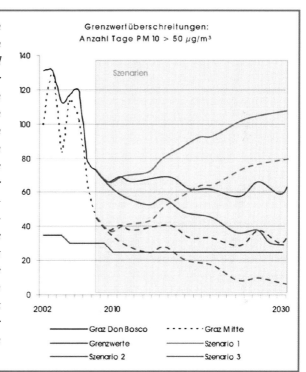

Box 3:   PM10 Grenzwertüberschreitungen.

Investitionen fließen verstärkt in den Personennahverkehr, mit der verbesserten räumlichen Erreichbarkeit steigen allerdings auch das Verkehrsaufkommen und die damit verbundenen Umweltbelastungen. Ein grenzüberschreitendes Schnellbahnsystem wurde zwar geplant, scheiterte aber an der Finanzierung – es bestehen große Mängel in der Verkehrs- und Siedlungspolitik. Das Mobilitätsbedürfnis der Menschen in den Regionen des Verdichtungsraums Graz-Maribor wird nach wie vor vom Auto befriedigt.

Die Zahl der Personenkraftwagen je Einwohner steigt, vor allem die Einwohner in den peripheren Regionen pendeln nach Graz und Maribor. Somit ersticken nicht nur die regionalen Zentren im Stau und Verkehr, das Verkehrsproblem und somit auch die Feinstaubbelastung – wie in Box 3 abgebildet – weitet sich zunehmend auch auf die Regionen Koroška, Pomurska, die West- und Südsteiermark und die Oststeiermark aus. Immerhin bleibt jedoch die Zahl der Patentanmeldungen im Bereich erneuerbarer Energien – als Indikator für entsprechende Forschungsaktivitäten – stabil. Sie wird jedoch vorwiegend durch verstärkte Nachfrage aus dem Ausland an den regionalen Kompetenzen in diesem Bereich – auch dank der insgesamt deutlich verbesserten internationalen Sichtbarkeit der regionalen Forschungskompetenzen generell – erzielt.

Ein entsprechender Verwertungssektor zu den F&E-Aktivitäten konnte sich bislang kaum etablieren, weshalb Brain Drain in beachtlichem Ausmaß zu beobachten ist. Das geringe Umweltbewusstsein innerhalb der Region LebMur spiegelt sich auch in der konstant niedrigen regionalen Nachfrage nach ökologisch orientierten Produkten und Technologien wider.

2.3   DIE WIRTSCHAFT IM WISSENSINTENSIVEN PRODUKTIONSSTANDORT

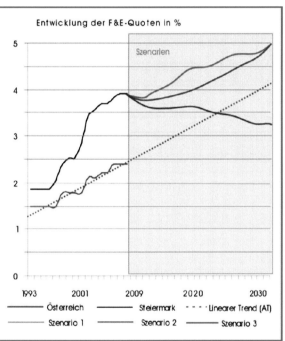

Die F&E-Quote steigt sowohl im Szenario Wissensintensiver Produktionsstandort als auch im Zukunftsbild Région Créateur d'Alternatives nach einer kurzen Stagnation während der Wirtschaftskrise stark an und bleibt jeweils über dem Österreichdurchschnitt, was die Wettbewerbsfähigkeit der Region absichert. Im Fall dieses ersten Entwicklungsszenarios liegen die Forschungsschwerpunkte vor allem auf technisch-naturwissenschaftlichen Bereichen sowie auf den traditionellen Ingenieurswissenschaften. Im dritten Zukunftsbild hingegen konzentrieren sich die Forschungsanstrengungen auf eine Schwerpunktsetzung im Bereich Umwelttechnologien. Einzig in High End Destination for Services fällt dieser Indikator weit unter den derzeitigen Wert.

Box 4:   Entwicklung der F&E-Quote.

Die F&E-Quote steigt im Szenario *Wissensintensiver Produktionsstandort* (wie auch im Zukunftsbild *Région Créateur d'Alternatives*) nach einer kurzen Stagnation während der Wirtschaftskrise stark an und bleibt über dem Österreichdurchschnitt, was die Wettbewerbsfähigkeit der Region nachhaltig absichert. Mit den steigenden Aufwendungen für Forschung und Entwicklung und dem Boom im Hochtechnologiebereich steigt auch die Technologiequote bis zum Eintreten der Umweltprobleme im Jahr 2015 überproportional stark an. Die zunehmende Verflechtung – eine vertikale Integration des sekundären und des tertiären Sektors – lässt die Dienstleistungsquote in diesem ersten Entwicklungsszenario für die Region LebMur anwachsen – dies gilt mehr noch für wissensintensive Dienstleistungen, die der Region einen erheblichen Wettbewerbsvorteil bringen (die Subkategorie der wissensintensiven Dienstleistungen verzeichnet hingegen eine nahezu identische Beschäftigungsentwicklung, wie sie im Szenario *Région Créateur d'Alternatives* gegeben ist). Im Zuge der Vernetzung der beiden Wirtschaftssektoren werden zunehmend (unproduktive) Tätigkeiten vom produzierenden Bereich in den Dienstleistungssektor ausgelagert. Durch die Konzentration auf die traditionellen industriellen Kompetenzen – die Automobilindustrie und den Anlagen- beziehungsweise Maschinenbau – gelingen hohe Wachstumsraten. Die weitgehende Liberalisierung der Wirtschafts- und Sozialpolitik und die Abschaffung von Handelshemmnissen lassen das Bruttoregionalprodukt steigen. Erkauft wurde das Wachstum jedoch über den Einsatz energieintensiver und teurer Produktionstechnologien. Die Preise für Energie wachsen annähernd exponentiell, wie die Abbildung in Box 5 zeigt.

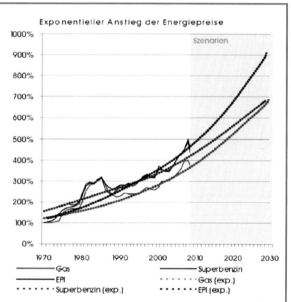

Die Kosten fossiler Energieträger nehmen auch nach der Krise weltweit weiter stark zu. Europa hat es verabsäumt, frühzeitig in nachhaltige Energiequellen zu investieren. Hauptsächlich werden große Gas-turbinenkraftwerke gebaut – immer mehr Kohlendioxid in der Atmosphäre verstärkt den klimawandelbedingten Temperatur-anstieg. Während der Sommermonate steigt der Kühlbedarf in der Region, der steigende Energiebedarf führt zu dramatisch steigenden Energiekosten. Einzig die vereinzelten Energieeffizienzinvestitionen schwächen diesen Anstieg ein wenig ab. Langfristig sinkt die Produktivität in der Produktion durch die steigenden Energiekosten. Energieintensive Produktionsmethoden werden verstärkt unrentabel und verlieren an internationaler Konkurrenzfähigkeit, Arbeitsplätze gehen verloren. Betroffen sind vor allem die Branchen der Stahl-, Zement-, Glas-, Papier- und der chemischen Industrie.

Box 5:   Annahme exponentieller Anstieg der Energiepreise.

Im Szenario *Wissensintensiver Produktionsstandort* steigt die Wirtschaftsleistung nach der Krise in den regionalen Zentren der Achse Wien-Graz-Marburg-Laibach-Zagreb sowie im Umland dieser Zentren an. Der ländliche Raum hingegen wird vernachlässigt, die Erreichbarkeiten sind schlecht. Damit bleibt die wirtschaftliche Entwicklung der peripheren Gebiete abseits der zuvor genannten Hauptverkehrsachse gering. Dies wiederum bewirkt ein erhöhtes Pendleraufkommen, wodurch die Umweltproblematik weiter verstärkt wird. Vom Boom in der Hochtechnologie-Branche in den industriellen Zentren der Region LebMur – Graz und Koroška – können unter anderem auch Zulieferbetriebe mit hohem Spezialisierungsgrad aus der Oststeiermark profitieren. Abgelegene Regionen wie etwa die Südwest-Steiermark oder Pomurska haben hingegen aufgrund internationaler Schwächen im industriellen Sektor mit großen wirtschaftlichen Problemen zu kämpfen.

Eine weitere negative Begleiterscheinung sind die negativen Auswirkungen auf den Tourismus. Durch die hohen Emissionen in den industriellen Zentren nimmt die Umwelt in der gesamten Region LebMur immer mehr Schaden. Ohne eine intakte und saubere Umwelt verlieren allerdings auch die zuvor begehrten Tourismusregionen Oststeiermark sowie die West- und Südsteiermark ihre Anziehungskraft auf nationale und internationale Touristen und die Region Pomurska ist nicht in der Lage, ihr großes touristisches Potential zu nutzen.

Die Bedeutung eines Ausgleichs von Stadt und Land – unter Berücksichtigung der jeweiligen endogenen Potentiale der Regionen – wird in der Welt des *Wissensintensiven Produktionsstandorts* erst spät erkannt. Erst langfristig gelingt es, den wachsenden Energiebedarf der industriellen Produktion über nachhaltige Energiequellen aus den ländlichen Regionen zu decken. Ein Umdenken, aber auch eine Neuorientierung der Ausbildungsmöglichkeiten gelingen nicht zuletzt auf Druck wachsender Umweltprobleme und sinkender Lebensqualität in den Städten, insbesondere aber durch die steigenden Energiekosten und die damit verbundene sinkende internationale Konkurrenzfähigkeit.

High End Destination for Services

Entwicklungsszenario 2

JR FACT SHEET No 2/2008 | **Autoren:** Eric Kirschner, Franz Prettenthaler

Edvard Munch „Arbeiter auf dem Heimweg, um 1914"/© The Munch Museum/The Munch Ellingsen Group/VBK, Wien 2008

Das Szenario in 30 Sekunden

Qualitätstourismus, Top-Gesundheitsdestination, Kulturwirtschaft und Bildung :: kulturelle Stärken und Dienstleistungsangebote als Standortauszeichnung :: erfolgreiche Integration peripherer Gebiete :: Produktionsverlagerungen :: Verzicht auf Hochtechnologie :: geringe F&E Quote :: restriktive Migrationspolitik :: zunehmende Überalterung

Die Region konzentriert sich auf ihre kulturellen Stärken, weniger auf Hochtechnologie, die industrielle Produktion wandert weitgehend ab, der Anteil der Beschäftigten im Industriebereich sinkt. Der Qualitätstourismus, der Gesundheitsbereich, die Kulturwirtschaft und der Bildungsbereich gewinnen auch im Export von Dienstleistungen an Stellenwert und genießen höchste Priorität. Die ländlichen Regionen positionieren sich erfolgreich im Tourismus- und Gesundheitsbereich, die städtischen Regionen als Kultur- und Ausbildungsstandorte. Somit ist der Dienstleistungssektor Träger des wirtschaftlichen Erfolges. Sowohl das Verkehrsnetz als auch das Kommunikationsnetz in den peripheren Regionen werden ausgebaut und es kommt zu einer Annäherung an die urbanen Gebiete. Die Einführung umweltfreundlicher Technologien geht nur sehr schleppend voran. Die Auswirkungen des Klimawandels werden weitestgehend unterschätzt, Europa baut weiter auf eine fossil ausgerichtete Energieversorgung, die höher gelegenen Gebiete profitieren durch eine Neuinterpretation der klassischen Sommerfrische.

Mensch	Umwelt	Wirtschaft
B. Anteil der Diplomingenieure an unselbständig Beschäftigten *durch schwache internationale Positionierung* ↘	**N.** Erreichbarkeit im internationalen Vergleich mit öffentlichen Verkehrsmitteln *die Region liegt abseits der internationalen Verkehrswege, aber Speziallösungen für Gesundheitsbereich* →	**M.** Versorgungssicherheit bei Energie *dezentrale Versorgungslösungen – aber Probleme bei Spitzenlastversorgung* →
C. Anteil der Beschäftigten im Industriesektor *sinkt dramatisch durch Produktionsauslagerungen* ↘	**O.** Anteil erneuerbarer Energie an der Bruttoinlandsproduktion *steigt durch sinkende Industrienachfrage* ↗	**P.** Energiekosten in der Produktion *stagnieren aufgrund geringeren Verbrauch* →
J. Anteil der über 60-Jährigen an der Gesamtbevölkerung *klassische Familienpolitik, zu spät für eine Trendumkehr* ↗	**R.** Anzahl der Patente im Bereich erneuerbarer Energien/Umwelttechnologie *mangelnde Positionierung und Nachfrage* →	**W.** F&E-Quote *Innovation ist kein vorrangiges Politikziel, nur im Humantechnologiebereich internationale Wahrnehmbarkeit* ↘
K. Anteil der Beschäftigten im Umwelttechnologiebereich *unzureichende Nachfrage* →	**T.** Verknappung regionaler Umweltressourcen *kann in urbanen Regionen leicht gesenkt werden* →	**Z.** Technologiequote *stagniert* →
L. Zuzug *stagniert aufgrund restriktiver Zuwanderungspolitik* →	**V.** Endogene Nachfrage nach Nachhaltigkeitsprodukten und -technologien *stagniert aufgrund kurzfristiger Kostenüberlegungen und mangelnder Nachfrage* →	**AA.** Dienstleistungsquote (incl. BB. Wissensintensive Dienstleistungsquote) *wissensintensive DL sinken* ↗
		HH. Wirtschaftsleistung (BRP je Einwohner) *wenig Spitzentechnologie, geringere internationale Konkurrenzfähigkeit* →

Europäisches Rahmenszenario Kulturerbe Europa

Ausbau des Sozialstaates :: Überalterung :: strikte Immigrationspolitik :: Abwanderung der Konzerne :: Strukturwandel – Dienstleistungssektor :: große Solidarität in der Bevölkerung

IPCC-Szenario A2: lower trade flows, relatively slow capital stock turnover and slower technological change

JOANNEUM RESEARCH Forschungsgesellschaft mbH
Institut für Technologie- und Regionalpolitik – InTeReg

INNOVATION aus TRADITION

3 High End Destination for Services

Der Gewinn soll nicht die Basis, sondern das Resultat der Dienstleistung sein.

(Henry Ford)

Europa besinnt sich nach der Wirtschafts- und Finanzkrise auf seine kulturellen Stärken – der Verdichtungsraum Graz-Maribor findet sich in einem stark regional ausgerichteten europäischen Wirtschaftssystem mit einem geringen Internationalisierungsgrad wieder. Dieses Zukunftsbild – diese Modellgeschichte – wird durch die SRES-Szenarienfamilie A2 des Intergovernmental Panel on Climate Change und das korrespondierende europäische Rahmenszenario Kulturerbe Europa vorgegeben (Prettenthaler, Schinko 2007). Das Wirtschaftswachstum ist langsamer als in allen anderen IPCC-Szenarien und darüber hinaus sehr ungleichmäßig verteilt. Die Einkommensschere zwischen armen und reichen Regionen und Nationen wächst – Autarkie und die Bewahrung der lokalen Identität prägen eine heterogene Welt mit stark eingeschränkter Faktormobilität.

Das Ziel der wirtschaftlichen Kohäsion – des Ausgleichs der Nationen – weicht einer protektionistischen Wirtschaftspolitik, die sich auf die Aufrechterhaltung und Ausweitung des Sozialstaates konzentriert. Soziale und kulturelle Werte werden einer internationalen Globalisierung und Liberalisierung entgegengesetzt – Solidarität, wenn auch im kleinen Raum, prägt die Wertegesellschaft. Zuwanderung ist stark reglementiert, die Gesellschaft wird älter und stellt sich auf die sich verändernden Bedürfnisse der sich verändernden demographischen Rahmenbedingungen und der damit einhergehenden veränderten Nachfragestruktur ein. Es kommt zu einer Tertiärisierung der Wirtschaftsstruktur, die Bereitstellung ausreichender Pflege- und Gesundheitsdienstleistungen gewinnt an Bedeutung. Darüber hinaus kann sich die EU, aber auch der Verdichtungsraum Graz-Maribor, als Dienstleistungs-, Kultur- und Tourismusstandort positionieren. Die starke internationale Konkurrenz, die protektionistische Wirtschaftspolitik, das sich für diesen Bereich verschlechternde F&E-Umfeld, vor allem aber der Wandel in der europäischen Gesellschaft bilden kein fruchtbares Umfeld für multinationale Produktionsbetriebe. Die Industrie und der produzierende Bereich verlegen ihre Produktionsmittel zunehmend nach Asien.

Den Weg, den der grenzüberschreitende Verdichtungsraum Graz-Maribor im Szenario *High End Destination for Services* einschlägt, zeichnet sich durch radikale Um- und Neugestaltungen des Wirtschafts- und Innovations-, aber auch des gesellschaftlichen Wertesystems aus. Die traditionellen Stärken im produzierenden Bereich weichen einer solidarischen Dienstleistungsgesellschaft, in der die Verantwortung des Einzelnen für das gesellschaftliche Wohlergehen zunimmt. In diesem Szenario dienen spezielle Dienstleistungsangebote als Standortauszeichnung im globalen Wettbewerb und sorgen für entsprechende Attraktivität in spezifischen Nischensegmenten. Angestrebt wird ein sanftes Wirtschaftswachstum in Verbindung mit sozialem Ausgleich in der Region. Diese – auch aufgrund der Krise – veränderte Grundeinstellung im Verdichtungsraum führt jedoch auch zu einer sinkenden Risikobereitschaft und einer schwindenden Akzeptanz für Technik beziehungsweise technologischem Fortschritt – radikale technologische Neuerungen finden kaum statt.

3.1   DER MENSCH IN HIGH END DESTINATION FOR SERVICES

Die Wirtschaftsstruktur im Zukunftsbild High End Destination for Services ändert sich nach der Krise drastisch. Aufgrund der sich zunehmend verändernden internationalen Rahmenbedingungen konzentrieren sich die Regionen des Verdichtungsraums Graz-Maribor frühzeitig auf ihre kulturellen Stärken, als Grundlage für eine auf hochqualitative Dienstleistungsange-bote ausgerichtete Wirtschaft. Immer weniger Menschen sind im Produktionsbereich beschäftigt. Anders als im Rahmenszenario Région Créateur d'Alternatives gilt dies in diesem zweiten Zukunftsbild nicht nur für das Segment der Niedrigqualifizierten, auch die Zahl der hochqualifizierten Beschäftigten – der Anteil der Diplomingenieure an den unselbstständig Beschäftigten

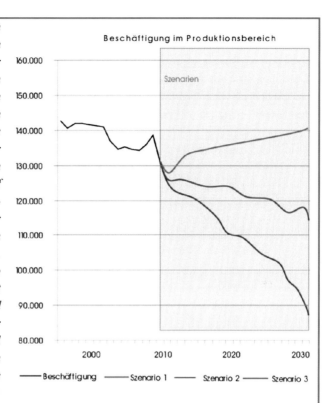

(siehe Box 1) nimmt ab. Zurückzuführen ist dies insbesondere auf Produktionsverlagerung, einschließlich der entsprechenden Forschungsaktivitäten in den klassischen Bereichen des produzierenden Bereichs – der Automobilindustrie, dem Anlagenbau und den Bereichen Elektronik/Elektrotechnik. Mit Abschluss des strukturellen Wandels – gegen Ende der Projektionsperiode – stabilisiert sich dieser Indikator. Die Region hat sich auf die veränderte Nachfragestruktur eingestellt, Bio- und Humantechnologie wie auch die Medizintechnik können rund um einen prosperierenden Dienstleistungssektor Nischensegmente international ausfüllen.

Box 6:   Beschäftigung im Produktionsbereich.

Der Mensch im Szenario *High End Destination für Services* besinnt sich auf seine kulturelle Identität, sucht den Ausgleich der Regionen. Lebensqualität und hochqualitative Dienstleistungen werden im Verdichtungsraum Graz-Maribor nachgefragt – die Region wird Top-Gesundheitsdestination, Kultur und Bildung bilden das Fundament für einen Qualitätstourismus, der Träger des Erfolges der Regionen im Verdichtungsraum in diesem Zukunftsbild ist. Die Konzentration auf hochwertige Segmente des Dienstleistungsbereichs verändert auch die Beschäftigungsstruktur nachhaltig. Der produzierende Bereich verliert an Bedeutung, die Beschäftigungsverhältnisse sinken – gerade energie- oder ressourcenintensive Produktionsweisen sind aufgrund der negativen externen Effekte auf die Umwelt und die regionale Lebensqualität nicht mit einem hochwertigen Dienstleitungsangebot im Tourismus- und Gesundheitsbereich zu vereinbaren. Auch lässt eine unzureichende Marktnachfrage nach Umwelttechnologie den *Anteil der Beschäftigten im Umwelttechnologiebereich* sinken. Entsprechende

Ausbildungsmöglichkeiten werden nicht geschaffen – und auch nicht benötigt. Neue Schwerpunke für Bildungs- und Ausbildungsmöglichkeiten unterstützen diesen strukturellen Wandel, in diesen Bereichen konzentriert sich der grenzüberschreitende Verdichtungsraum Graz-Maribor verstärkt auf den Gesundheitsbereich und die Kulturwirtschaft. Der Wandel der gesellschaftlichen Werte verändert jedoch weit mehr als nur die Struktur der regionalen Produktion von Waren und Dienstleistungen. Regionaler und sozialer Ausgleich werden von den Menschen gefordert und auch von der Politik umgesetzt. Die Sozialsysteme werden harmonisiert und reformiert – Effizienzsteigerungen wie etwa eine Anhebung des Pensionsantrittsalters und ein erhöhtes Maß an Eigenvorsorge und Eigenverantwortung, die aufgrund der solidarischen Grundhaltung der Bevölkerung auch umsetzbar sind, ermöglichen ein weitreichendes Angebot an Transferzahlungen. Der Region gelingt so die Finanzierung eines dienstleistungsorientierten Gesundheits- und Sozialsystems, welches die Bedürfnisse einer alternden Gesellschaft zu befriedigen vermag.

Insgesamt kann die Bevölkerungszahl der Region LebMur weitgehend gehalten werden. Allerdings steigt der Anteil der über 60-Jährigen an der Gesamtbevölkerung markant an – einerseits aufgrund der sehr restriktiven Migrationspolitik, welche auch den Zuzug von Hochqualifizierten unterbindet. Andererseits war es nicht gelungen die Geburtenrate zu steigern. Eine frühzeitige Abkehr von der klassischen Familienpolitik – wie sie in der Welt von Créateur d'Alternatives gelingt – wird durch den hohen Stellenwert traditioneller Werte verhindert. Langfristig bleibt dem Verdichtungsraum aufgrund des demographischen Drucks auf das Sozial- und Pensionssystem keine andere Wahl als die Aufgabe der

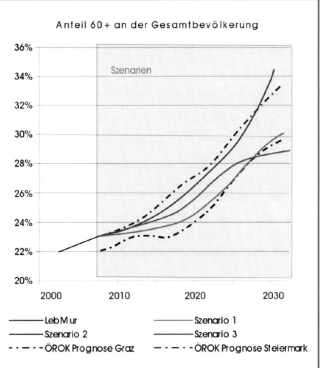

konservativen Familienpolitik. Selbst ein Abgehen von der restriktiven Zuwanderungspolitik bringt keine Veränderungen – die Menschen sind bei weitem nicht so mobil wie beispielsweise im ersten Entwicklungsszenario. Auch geht die Verfügbarkeit an Arbeitskräften in den klassischen Auswanderungsländern Mittel- und Osteuropas zurück – typische Arbeitsmigration, wie wir sie heute kennen, gibt es kaum mehr.

Box 7:   Anteil 60+ an der Gesamtbevölkerung.

Durch den – durch die Wirtschafts- und Finanzkrise eingeleiteten – Niedergang weiter Teile des produzierenden Bereichs und die damit einhergehende veränderte Beschäftigungsstruktur sowie durch die Konzentration auf die endogenen Stärken der einzelnen Regionen kann der Verdichtungsraum

Graz-Maribor seine Nachfrage nach Arbeitskräften selbst decken. Ein Zuzug von neuen Arbeitskräften, auch von Hochqualifizierten, ist kaum erwünscht – die Ausnahmen bilden hier nur der Pflegebereich und Teile des Tourismus. Zuwanderung ist streng reglementiert – die Zahl der Immigranten sinkt und stagniert auf sehr niedrigem Niveau.

Die Bevölkerung allerdings wird älter, der Anteil der über 60-Jährigen steigt – wie in Box 7 beschrieben – beständig. Kommunikation und Vernetzung – nicht aber die Mobilität von Kapital und Arbeitskräften – sind Schlüssel zur internationalen Positionierung und Vermarktung der regionalen Stärken. Die Einbindung der regionalen Ausbildungsinstitutionen in überregionale Netzwerke in den Kernbereichen Tourismus, Gesundheit und Humantechnologie und den Sozial- und Kulturwissenschaften gewinnt an Bedeutung. Hier liegen die regionalen Schwerpunkte von Bildung und Ausbildung – hier entstehen neue Arbeitsplätze in einem Dienstleistungssektor, der die Erfüllung höchster internationaler Standards garantiert und der Region internationale Geltung und Sichtbarkeit bringt (eine ausführliche Interpretation zu diesem Schlüsselfaktor findet sich in Box 10).

3.2 DIE UMWELT IN HIGH END DESTINATION FOR SERVICES

Eine sinkende Nachfrage nach Energie macht neue Kraftwerkbauten in der Welt von High End Destination for Services unnötig – es kommt zu keinen Kapazitätsausweitungen. Der Verdichtungsraum verbraucht weniger Energie – und diese lässt sich am billigsten in den bereits abgeschriebenen Kraftwerken produzieren. Der Anteil von erneuerbaren Energieträgern an der Inlandsproduktion – insbesondere jener von Wasserkraft – steigt an. Daneben vertraut die Region in der Spitzenlastversorgung immer noch auf fossile Energieträger oder auf direkte Energieimporte. Die Energieversorgung bleibt somit importabhängig. Langfristig kommt es durch versäumte Kapazitätsanpassungen und fehlende Speicherkapazitäten zu Problemen in der Spitzen-

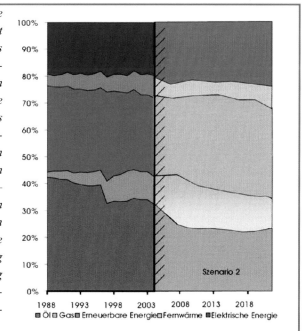

lastversorgung. Der Energieverbrauch in den Sommermonaten – die Zahl der Kühltage – nimmt zu, was zu steigendem Energieverbrauch im Sommer führt. Die Auswirkungen des Klimawandels werden unterschätzt, frühzeitige Anpassungen werden verabsäumt – die spät umgesetzten dezentralen Versorgungslösungen gelingen, sie kommen jedoch teuer und erreichen nie den Grad an Effizienz der Szenarien Région Créateur d'Alternatives oder Wissensintensiver Produktionsstandort.

Box 8:   **Energiemix High End Destination für Services.**

Zu einem ausgeprägten Umweltbewusstsein der Bevölkerung – wie im Zukunftsbild *Région Créateur d'Alternatives* – kommt es im Szenario *High End Destination for Services* nicht. Der Umgang mit Ressourcen wird pragmatisch gesehen, spielen Umweltprobleme doch keine wesentliche Rolle in den Regionen des Verdichtungsraums Graz-Maribor. Der strukturelle Wandel – das Abwandern der klassischen energie- und ressourcenintensiven Industriebereiche und die Konzentration auf hochwertige Dienstleistungssegmente – lässt die Nachfrage nach Energie sinken und somit auch die negativen Effekte ihrer Erzeugung. Obwohl es zu keinem radikalen und nachhaltigen Paradigmenwechsel im Energiesystem der Region kommt, kann die Feinstaubbelastung in den regionalen Zentren Graz und Maribor gesenkt werden.

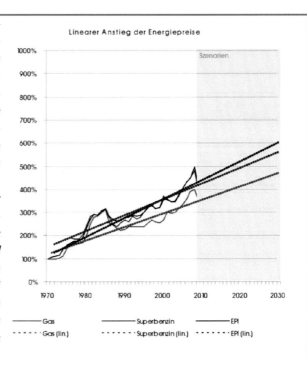

Obwohl die Nachfrage nach Energie – und somit auch nach fossilen Energieträgern abnimmt, kommt es zu einem weiteren Anstieg der realen Energiepreise (also der um die Inflation bereinigten Preise). Selbst bei der Annahme eines nur linearen Anstiegs (im Gegensatz zur Annahme des exponentiellen Anstiegs der Energiepreise in Box 5) kommt es zu spürbaren Verteuerungen, wobei der Preis für Gas hier unter jenen von Benzin bleibt. Das Abschätzen von Energiepreisen für die einzelnen Szenarien ist schwierig und von einer Vielzahl von Faktoren abhängig, ein linearer Preisanstieg bei stagnierender Nachfrage mag in Europa in der langen Frist realistisch sein – wenn es zu keinen weiteren Systembrüchen wie etwa den Ölkrisen oder der aktuellen Finanzkrise kommt (die in der Graphik deutlich sichtbar sind). Auf „Wild Cards", um etwa die politischen oder technologischen Komponenten der Preisentwicklung zu berücksichtigen, wie sie in anderen Szenarienprojekten zur Anwendung kommen, wird bewusst verzichtet.[3]

Box 9:   Annahme linearer Anstieg der Energiepreise.

Das Fehlen kritischer Größen in Naturwissenschaft und Technik sowie Ausbildungsdefizite in diesen Bereichen spiegeln sich auch in der endogenen Nachfrage nach Nachhaltigkeitsprodukten und in der

---

[3] Das Eintreten oder Nichteintreten einer „Wild Card" lässt sich nicht kausal erklären, auch werden die Basis der Szenarienbildung, die Grundstruktur und generelle Beschaffenheit der Regionen, aber auch die kausalen Wirkungszusammenhänge der Schlüsselfaktoren verändert. Diese Null/Eins Ereignisse definieren somit ein eigenes Szenario das von nur einem Faktor getrieben wird – wird beispielsweise eine „Wild Card" wie *Dritter Weltkrieg* oder *Europaweite Terroranschläge* gezogen, dann können Umweltschutz oder Klimaveränderungen getrost vernachlässigt werden.

Anzahl der Patente im Bereich erneuerbare Energien/Umwelttechnologien wider (siehe Box 12). Die F&E-Quote sinkt (siehe Box 4), Umwelttechnologie wird weniger nachgefragt – vor allem fehlende öffentliche Impulse lassen die endogene Nachfrage nach Nachhaltigkeitsprodukten und Technologien stagnieren.

Die Schonung der natürlichen Ressourcen wird vor allem vom Tourismusbereich vorangetrieben, eine intakte Umwelt ist Grundvoraussetzung für den Produktionsfaktor Lebensqualität, der sich international gut verkaufen lässt. So wird einer *Verknappung regionaler Umweltressourcen* im zweiten Rahmenszenario, zumindest in den urbanen Regionen des Verdichtungsraums Graz-Maribor, mittels einer Senkung der Anzahl der Tage, an denen der maximal zulässige Grenzwert an Feinstaubpartikeln in der Luft überschritten wird, entgegengewirkt. Im Umland kann die Feinstaubbelastung jedoch weiter leicht ansteigen. Obwohl die Auswirkungen des vom Menschen verursachten Klimawandels unterschätzt werden, gelingt es der Dienstleistungsindustrie sich anzupassen – hier profitieren besonders die peripheren, höher gelegenen Regionen. Eine Neubelebung der klassischen Sommerfrische gelingt und kann international vermarktet werden.

Auch wird in diesem Zukunftsbild nicht auf das Auto verzichtet, es bleibt Hauptfortbewegungsmittel, der Ausbau des öffentlichen Verkehrs wird weitgehend vernachlässigt, was durch das Stagnieren des Einflussfaktors *Erreichbarkeit mit öffentlichen Verkehrsmitteln im internationalen Vergleich* verdeutlicht wird. Dennoch bleiben die Verkehrsbelastungen auf relativ niedrigem Niveau, gerade in Relation zum Szenario *Wissensintensiver Produktionsstandort.*

Durch den Ausgleich der Regionen gelingt es, Arbeitsplätze abseits der regionalen Zentren Graz und Maribor zu schaffen. Die Menschen aus Koroška, Pomurska, der West- und Südsteiermark und der Oststeiermark müssen kaum nach Graz oder Podravska auspendeln. Zudem sind die überregionalen Verkehrsanbindungen schlecht ausgebaut – auch für den Privatverkehr. Der Verdichtungsraum liegt außerhalb der transeuropäischen Verkehrsnetze – die Straßeninfrastruktur gewährleistet jedoch eine gute Erreichbarkeit der einzelnen lokalen Zentren (dies sind neben Graz und Maribor eine Vielzahl kleiner und mittelgroßer Städte in sämtlichen Regionen des Verdichtungsraums), welche sich aufgrund ihres hohen Spezialisierungsgrades gut entwickeln.

3.3 DIE WIRTSCHAFT IN HIGH END DESTINATION FOR SERVICES

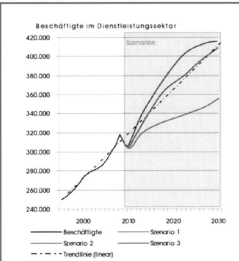

Der fortschreitende strukturelle Wandel lässt die Beschäftigung im Dienstleistungsbereich in allen Szenarien auch nach der Wirtschafts- und Finanzkrise ansteigen. Generell werden relativ unproduktive Tätigkeiten vom produzierenden Bereich in den Dienstleistungsbereich ausgelagert. Auch wird die hochtechnologische Industriegüterproduktion zunehmen, und somit auch die begleitend angebotenen Dienstleistungen – die unternehmensnahen Dienstleistungen, die vom Güterproduzenten zum Erhalt oder zur Wartung eines komplexen Gutes (etwa eine Maschine im Anlagenbau) bereitgestellt werden. Dies sind beispielsweise Service- oder Wartungsverträge im Anlagenbau etc. Diese Prozesse bewirken im Wissensintensiven Produktionsstandort, aber auch in der Zukunft von Créateur d'Alternatives wachsende Beschäftigungsanteile im Dienstleistungsbereich, wobei sich dieser Anstieg bei wissensintensiven Dienstleistungen überproportional auswirkt – es kommt zu einer Tertiärisierung des sekundären Bereichs und zu einer Industrialisierung der Dienstleitungsbereiche, in der die klassische Dichotomie der Warenproduktion, die Unterscheidung von Gütern und Dienstleistungen, an Gültigkeit verliert.

Anders in der Zukunft von High End Destination for Services. Hier konzentriert sich die Wirtschaft auf die klassischen Dienstleistungen, also eine Leistung, die von Menschen für Menschen produziert und auch gleich konsumiert wird. Der Sozialbereich sowie der Tourismus boomen, dies sind hoch qualifizierte, keinesfalls jedoch wissensintensive Dienstleistungen. Die Anzahl der Beschäftigten im Dienstleistungssektor steigt im Rahmenszenario High End Destination for Services am stärksten an innerhalb der LebMur-Szenarienfamilie. Das Wachstum der wissensintensiven Dienstleistungen bleibt hingegen unter dem der anderen beiden Zukunftsbilder. Die Entwicklung in diesem Teilbereich wird aus den Branchen der Bio- und Humantechnologie wie auch der Medizintechnik, beziehungsweise aus Forschungsanstrengungen, die diesen Industriezweigen zuzurechen sind, getragen.

Box 10: Beschäftigte im Dienstleistungssektor & ...davon wissensintensive Dienstleistungen.

Im Gegensatz zur schnelllebigen, von Innovation getriebenen Welt des *Wissensintensiven Produktionsstandorts* konzentrieren sich Forschung und Entwicklung im Szenario *High End Destination for Services* auf bestimmte ausgewählte Bereiche – auf die Humantechnologie, die Pharma- und die Biotechnologiebranche. So können trotz Produktionsverlagerungen nach Asien europäische Wohlstandsinseln etwa als Tourismus-, Kultur und Humantechnologiestandorte erhalten werden. Kulturelle Werte werden gezielt als Wettbewerbsvorteil genutzt – auch in den Regionen des Verdichtungsraums Graz-Maribor. Angesichts der schwindenden industriellen Basis sowie der abwandernden industriellen Forschungskapazitäten muss sich LebMur auf Stärkefelder, die von anderen Regionen oder Ländern mit Fokus auf Hochtechnologie und Industrie nicht abgedeckt bzw. gar vernachlässigt werden, konzentrieren. Verdeutlicht wird dieser Paradigmenwechsel gerade durch die in Box 10 diskutierte Entwicklung der Beschäftigten im Dienstleistungssektor.

Zwar wird das Wirtschaftswachstum in allen Regionen des Verdichtungsraums Graz-Maribor vom Dienstleistungsbereich getragen – dennoch sind die strukturellen Unterschiede der Regionen beträchtlich. Das periphere Umland hat gerade zu Beginn des strukturellen Wandels mit erheblichen wirtschaftlichen Problemen zu kämpfen. Die durch das Abwandern der Industrie entstandenen Lücken können nicht gleich durch Arbeitsplätze im tertiären Bereich ersetzt werden – zudem sinken in dieser ersten Phase die Reallöhne. Diese sind im Dienstleistungsbereich – mit Ausnahme der wissensintensiven Dienstleistungen – traditionell niedriger. Diese Faktoren führen zu einer Stagnation der *Wirtschaftsleistung (BRP je Einwohner)*. *High End Destination for Services* ist somit das einzige Zukunftsbild der Szenarienfamilie LebMur, welches kein ausgeglichenes dynamisches Wirtschaftswachstum vorweisen kann. Andererseits sind die Einkommensunterschiede in diesem Zukunftsbild am niedrigsten. Gravierende Lohndisparitäten und die damit verbundenen sozialen und gesellschaftlichen Spannungen zwischen „Gewinnern" und „Verlierern" des strukturellen wirtschaftlichen Wandels, welche beispielsweise die Zukunft der Regionen im *Wissensintensiven Produktionsstandort* prägen, spielen hier kaum eine Rolle. Mittelfristig gelingt zuerst den Kernzonen Graz und Maribor eine dynamische Entwicklung, die sich in Folge jedoch rasch auf die umliegenden Regionen ausweiten kann. Die Regionen besinnen sich auf ihr endogenes Potential und spezialisieren sich. Komplementaritäten werden gezielt genutzt und sind somit Schlüssel zum gemeinsamen Erfolg aller Regionen im Verdichtungsraum Graz-Maribor.

- So konzentriert sich der Großraum Graz – aber auch Maribor – auf seine Kernkompetenzen im Bereich Humantechnologie, diese werden gezielt gefördert und erlauben der Region sich international zu positionieren. Die Bildungs- und Ausbildungsschwerpunkte können umgestaltet und angepasst werden, interregionale Ausbildungsschwerpunkte gelingen ebenso wie die bilaterale Zusammenarbeit slowenischer und steirischer Universitäten und Forschungseinrichtungen. Diese Region fördert weiterhin die wissensintensiven Dienstleistungen und ermöglicht Spitzenforschung in Nischenbereichen. Dennoch reicht die Spezialisierung der regionale Zentren in diesen Bereichen nicht aus, um die Aufwendung für Forschung und Entwicklung insgesamt aufrecht zu erhalten: Die *F&E-Quote* sinkt, sowohl im öffentlichen als auch im privaten Bereich.

- Auch wird der Städtetourismus immer wichtiger, die Flughäfen in Graz und Maribor sorgen für eine gute Anbindung (vor allem für zahlungskräftige Gäste aus der russischen Föderation, dem Nahen Osten und China) – in den Städten sorgt ein weitreichendes Kultur- und Veranstaltungsangebot für ganzjährige gute Auslastungen – insbesondere im Hochpreissegment. Podravska kann sich zudem als Tourismusregion positionieren, der

Städtetourismus um Maribor und Ptuj prosperiert. Neben der West- und Südsteiermark entwickelt sich eine Tourismusindustrie rund um den Weinbau. Die Regionen West- und Südsteiermark und Podravska behaupten sich international als Wein- und Kulinarikregion.

- In der Lebensmittelindustrie gelingen neue innovative Anbaumethoden, rund um diese Tätigkeiten entsteht ein fruchtbares Umfeld zur Erprobung neuer Produktionsmethoden in der Landwirtschaft. Gerade in diesen Regionen orientiert sich LebMur auf ihre kulturellen wie traditionellen Stärken.

- Ähnliches gelingt auch für die Region Pomurska, welche ihr großes touristisches Potential langfristig voll ausschöpfen kann und sich neben der Oststeiermark – die sich aufgrund ihrer guten Ausgangslage als eine *der* Top-Tourismusdestinationen Europas positioniert – vor allem als Wellness- und Thermenregion etabliert. Dem schlecht erreichbaren Koroška hingegen gelingt ein sanfter alpiner Tourismus – die zunehmende Klimaerwärmung begünstigt den Tourismus in höher gelegenen Regionen.

Langfristig stellt lediglich die vernachlässigte Energieversorgung die wirtschaftliche Entwicklung des Verdichtungsraums Graz-Maribor auf eine harte Probe. Bei der Spitzenlastdeckung in den Sommer- sowie in den Wintermonaten treten große Probleme für die Eigenversorgung auf und die Region ist zu diesen Zeiten verstärkt auf Energieimporte angewiesen. Dies macht den Lebensraum Mur wiederum abhängig von exogenen Faktoren und eine hundertprozentige *Energieversorgungssicherheit* kann langfristig – nach 2020 – nicht mehr garantiert werden (eine ausführliche Beschreibung findet sich in Box 8).

JOANNEUM RESEARCH

Région Créateur d' Alternatives

Entwicklungsszenario 3

JR FACT SHEET No 3/2008 | **Autoren:** Eric Kirschner, Franz Prettenthaler

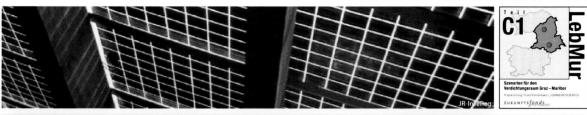

Das Szenario in 30 Sekunden

Internationale Positionierung im Umwelttechnologiebereich :: dynamische Wachstumsraten :: Entkoppelung von Wirtschaftswachstum u. Energieverbrauch :: Beschäftigungs- u. Bevölkerungswachstum. :: Reduzierung des Individualverkehrs :: gefragter F&E Unternehmensstandort :: Einwanderungsregion :: hohe Lebensqualität

Die Nutzung erneuerbarer Energieträger und Rohstoffe wird forciert. Es kommt zu einer stabilen Verteuerung fossiler Energie. Durch eine stärkere Fokussierung der F&E-Ausgaben auf den Umwelttechnologiebereich gelingt die Entkoppelung von Wirtschaftswachstum und Energieverbrauch. Ein bewusster Umgang mit regionalen Ressourcen, die Senkung der Umweltbelastung, eine Reduzierung des Individualverkehrs sowie eine Verringerung der energieintensiven Produktion sichern eine hohe Lebensqualität und wirken sich positiv auf die Standortattraktivität aus. Diplomingenieure mit umweltrelevantem Wissen werden in der Region ausgebildet, das Spezialisierungsangebot im Bereich Umwelttechnologie ermöglicht es der Region Studierende aus ganz Europa anzuziehen. Die hohe Absolventenqualität ist wesentlicher Grund für neue Betriebsansiedlungen und für Investitionen.

Mensch	Umwelt	Wirtschaft
B. Anteil der Diplomingenieure an unselbständig Beschäftigten *Beschäftigungseffekte aufgrund Nachfrage nach Nachhaltigkeitstechnologien*	**N.** Erreichbarkeit im internationalen Vergleich mit öffentlichen Verkehrsmitteln *durch Verbesserung kleinräumiger Verkehrslösungen*	**M.** Versorgungssicherheit bei Energie *dezentrale innovative Versorgungslösungen*
C. Anteil der Beschäftigten im Industriesektor *sinkt leicht aufgrund des anhaltenden Strukturwandels*	**O.** Anteil erneuerbarer Energie an der Bruttoinlandsproduktion *durch nachhaltige Wirtschaftspolitik und Ressourcenknappheit*	**P.** Energiekosten in der Produktion *steigen leicht an, kein radikaler Strukturwandel*
J. Anteil der über 60-Jährigen an der Gesamtbevölkerung *niedrige Geburtenrate bei hoher Zuwanderung*	**R.** Anzahl der Patente im Bereich erneuerbarer Energien/Umwelttechnologie *durch F&E im Umweltbereich*	**W.** F&E-Quote *steigt*
K. Anteil der Beschäftigten im Umwelttechnologiebereich *die Branche boomt*	**T.** Verknappung regionaler Umweltressourcen *sinkt in der mittleren Frist durch Investitionen im ÖNV und Strukturwandel*	**Z.** Technologiequote *Hochtechnologie steigt überproportional*
L. Zuzug *die Region ist begehrte Einwanderungsregion für Hochqualifizierte*	**V.** Endogene Nachfrage nach Nachhaltigkeitsprodukten und -technologien *starke öffentliche Nachfrage als Impulsgeber der Wirtschaft*	**AA.** Dienstleistungsquote (incl. BB. Wissensintensive Dienstleistungsquote) *wissensintensive DL steigen überproportional*
		HH. Wirtschaftsleistung (BRP je Einwohner) *Entwicklungsdynamik der urbanen Regionen greift auf die Peripherie über*

Europäisches Rahmenszenario: Nachhaltigkeitsstandort Europa

Entkoppelung Ressourcenverbrauch und Wirtschaftswachstum :: soziale Kohäsion :: Emissionssteuern :: EU Technologieführer in Umwelttechnologiebranche :: Bildungsoffensive im technischen Hochschulsektor

IPCC-Scenario B1: environmental and social sustainability

JOANNEUM RESEARCH Forschungsgesellschaft mbH
Institut für Technologie- und Regionalpolitik – InTeReg

INNOVATION aus TRADITION

4 Région Créateur d'Alternatives

Verwundern muss man sich wohl, dass die meisten vermögendsten Leute auf große Häuser, Palläste, Schlösser und dergleichen Baue, ihr meist Vermögen anwenden; wäre aber vielleicht vorträglicher wenn sie ihren Grund und Boden anzubauen, und zu verbessern suchten, als welches doch ihnen so wohl, als denen Nachkommen und dem gemeinen Besten weit nutzbarer fallen dürfte.

(Hannß Carl von Carlowitz – Sylvicultura Oeconomica)

Région Créateur d'Alternatives, das dritte Zukunftsbild der LebMur-Szenarienfamilie, ist eingebettet in ein wirtschaftlich und sozial konvergierendes Europa mit einem auf allen Ebenen stark ausgeprägten Umweltbewusstsein. Dieses Umfeld für den Verdichtungsraum Graz-Maribor wird vorgegeben durch das europäische Rahmenszenario „Nachhaltigkeitsstandort Europa" und die vom IPCC erarbeitete SRES-Szenarienfamilie B1 (Prettenthaler, Schinko 2007). Durch die konsequente Umsetzung der Lissabon- und Göteborgstrategie gelingt diesem Europa dieser Zukunft die Entkoppelung des Ressourcen- und Energieverbrauchs vom Wirtschaftswachstum. Umweltstandards werden international umgesetzt. Durch die frühzeitige Konzentration der europäischen Forschungs- und Entwicklungsanstrengungen auf die Umwelttechnikbranche beziehungsweise auf das Gebiet Ressourcenvermeidungs- und Ressourceneffizienztechnologien gelingt die Technologieführerschaft in diesen Bereichen. Erreicht werden kann dies auch durch eine intensive Nutzung erneuerbarer Energieträger sowie den Einsatz energieeffizienter Technologien.

Nicht zuletzt trägt eine starke Nachhaltigkeitsorientierung der Werthaltung der Gesellschaft zu diesen Erfolgen bei. Ein sich immer deutlicher abzeichnender Klimawandel lässt die Menschen umdenken, der Umweltschutz und der vorausschauende Umgang mit natürlichen Ressourcen gewinnen an gesellschaftlichem Stellenwert. In der Energieversorgung werden die Nutzung erneuerbarer Energien und ein nachhaltigerer Umgang mit Rohstoffen forciert. Durch Effizienzsteigerungsmaßnahmen kann die Energieintensität im produzierenden Bereich schließlich gesenkt werden. Mit dem Wandel der gesellschaftlichen und sozialen Werte ändert sich auch das Konsum- und Nachfrageverhalten der Menschen. Das Wirtschaftswachstum fällt mittelfristig etwas geringer als im Wissensintensiven Produktionsstandort aus, die Internalisierung der externen Umwelteffekte der Produktion wie auch die Einführung von Emissionssteuern führen zu einer Abwanderung von energie- und ressourcenintensiven Industrien. In der langen Frist werden stetige Wachstumsraten erreicht, die wissensintensive, hochtechnologische Ökonomie der Region zieht hoch qualifizierte Arbeitskräfte aus aller Welt an.

Im Entwicklungsszenario Région Créateur d'Alternatives kann der Verdichtungsraum Graz-Maribor seine bereits vorhandenen industriellen Stärken ausbauen – eine Neuausrichtung der technischen Kompetenzen, des Ausbildungs- und Bildungssystems, aber auch der industriellen Produktion auf Umwelt- und Nachhaltigkeitstechnologien gelingen.

4.1   DER MENSCH IN CRÉATEUR D'ALTERNATIVES

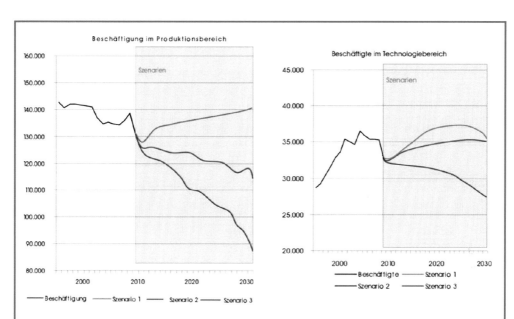

Im sekundären Sektor dominiert der forschungsintensive Umwelttechnologiebereich. Es zeigen sich überdurchschnittliche Wachstumsraten – die Beschäftigungsanteile wie auch die Produktivität im Technologie- und Umwelttechnologiebereich steigen stark an. Dennoch sinkt der Anteil der Beschäftigten im produzierenden Bereich weiter. Die internationale Wettbewerbsfähigkeit von energie- und ressourcenintensiven Industriebereichen leidet gerade zu Beginn des Projektionszeitraums unter der Internalisierung externer Effekte und der Finanzkrise. Umweltabgaben und Emissionszertifikate verteuern herkömmliche Produktionsweisen (im Gegensatz zum ersten Entwicklungsszenario, in dem eben das Beharren auf diese Produktionsmethoden langfristig zu starken Umweltproblemen führt, siehe Box 3). Es kommt zur Abwanderung von Betrieben, wobei diese bei weitem nicht das Niveau von High End Destination for Services erreicht. Anders als im zweiten Szenario kann von sinkenden Beschäftigungsanteilen nicht auf eine sinkende Bedeutung des produzierenden Bereichs geschlossen werden. Verdeutlicht wird dies durch die wachsende Zahl der Beschäftigten im Technologiebereich der Sachgüterproduktion.

Box 11:   Beschäftigung im Produktionsbereich & ...davon im Technologiebereich.

Die Umgestaltung der industriellen Produktion, die Neuausrichtung von Ausbildung und Forschung wie auch die Abkehr von einem durch intensiven Energie- und Ressourceneinsatz getragenen Wirtschaftwachstum gelingen in *Région Créateur d'Alternatives* vor allem deshalb, weil die Menschen in den Regionen des Verdichtungsraums Graz-Maribor bereit sind, diese Veränderungen auch mitzutragen. Es kommt zu einem Wandel der gesellschaftlichen und sozialen Werthaltungen – aufgrund der immer sichtbarer werdenden Auswirkungen des Klimawandels. Zudem können durch Förderung, Aufklärung und Bewusstseinsbildung die Chancen und Möglichkeiten der Region im

Bereich Umwelt und Nachhaltigkeit breitenwirksam vermittelt werden. Nachhaltigkeit, das ist nicht Verzicht, ist nicht die völlige Abkehr von der bisherigen konsumorientierten Lebensweise – vielmehr gelingt durch eine frühzeitige technologische Orientierung die Entwicklung innovativer Produkte und neuer effizienterer Produktionsmethoden, welche gerade in einer von steigenden Rohstoffpreisen geprägten Welt den Regionen des Verdichtungsraums Graz-Maribor nachhaltige Wettbewerbsvorteile – im wissensintensiven Hochtechnologiebereich – sichern.

- Die steigende Wissens- und Technologieorientierung, die Attraktivität der Universitäten im Verdichtungsraum Graz-Maribor und eine relativ liberale Zuwanderungspolitik – welche sich an den Bedürfnissen des regionalen Arbeitsmarktes orientiert und gezielt Hochqualifizierte anspricht – machen LebMur zu einer begehrten Einwanderungsregion.

- Die Nachfrage nach Absolventen technischer Universitäten und Hochschulen wächst stetig, diese kann jedoch nicht endogen befriedigt werden – trotz bewusstseinsbildender Maßnahmen und einer wachsenden Technikakzeptanz der Bevölkerung. Zuwanderung ist – wie schon im *Wissensintensiven Produktionsstandort* – überlebenswichtig. Dies spiegelt sich im Indikator *Anteil der Diplomingenieure an unselbstständig Beschäftigten* wider (die Entwicklung dieses Indikators wird in Box 1 diskutiert).

- Während im industriell geprägten ersten Szenario der Anteil dieser Beschäftigtengruppe seinen höchsten Wert um das Jahr 2015 erreicht und anschließend wieder rückläufig ist, steigt der Anteil der Diplomingenieure im Szenario *Région Créateur d'Alternatives* bis zum Ende des Betrachtungszeitraums kontinuierlich an. Die vorhandenen technisch-naturwissenschaftlichen Kompetenzen der Universitäten und Hochschulen ermöglichen eine erfolgreiche und international anerkannte Technologieführerschaft bei Nachhaltigkeitstechnologien. Qualifizierte Forscher und Lehrende schaffen motivierten Studierenden aus aller Welt ein hervorragendes Umfeld, und somit die Voraussetzungen für ein ausreichendes Potential an hoch qualifizierten Arbeitskräften.

- Gegen Ende des Projektionszeitraumes beschäftigt der Technologiebereich der Sachgüterproduktion in *Région Créateur d'Alternatives* mehr Menschen als jedes andere Zukunftsbild der LebMur-Szenarienfamilie (siehe Box 11). Ein Gutteil dieser Beschäftigungsverhältnisse wird im forschungsintensiven Umwelttechnologiebereich geschaffen, der Anteil der Beschäftigten in diesen Branchen steigt stark an.

Die demographische Entwicklung der Region ist verhältnismäßig ausgeglichen, zwar steigt der Anteil der Generation 60+ weiter an (wie in Box 7 nachzulesen ist), insgesamt wächst die Bevölkerung in den Regionen des Verdichtungsraum Graz-Maribor jedoch leicht (Aumayr, Kirschner 2006). Durch Anreize der Familienpolitik, welche eine bessere Vereinbarkeit von Familie und Beruf gewährleisten, sowie durch die offene, an den langfristigen Bedürfnissen des Arbeitsmarktes orientierte Immigrationspolitik (hier bleiben – im Gegensatz zum *Wissensintensiven Produktionsstandort* – Integrationskonflikte weitgehend aus) kann einer Überalterung der Gesellschaft relativ erfolgreich entgegengewirkt werden.

Die Geburtenrate liegt im oberen Durchschnitt, bleibt aber gerade in den slowenischen Regionen niedrig – auch in der Zukunft von *Région Créateur d'Alternatives* sichern Immigranten nicht nur den wirtschaftlichen Erfolg, letztendlich kommt eine älterwerdende Bevölkerung, solange die Geburtenrate nicht drastisch gesteigert werden kann, nicht ohne Einwanderer aus.

4.2   DIE UMWELT IN CRÉATEUR D'ALTERNATIVES

In der Welt von Région Créateur d'Alternatives werden immer mehr Patente in den umweltrelevanten IPC-Klassen angemeldet. Dennoch kann von diesem Indikator aus nicht auf steigende innovierende Aktivitäten in diesem Bereich geschlossen werden. Hier wird vielmehr die Untergrenze des tatsächlichen Outputs der An-strengungen von Forschung und Entwicklung auf diesem Gebiet – die tatsächliche Zahl der neuen Technologien und Produktionsmethoden der neuen innovativen Produkte – dargestellt. Die Umweltrelevanz von Innovationen wird hier nur sehr grob eingeschätzt, das liegt nicht zuletzt auch am Innovationsverhalten der Firmen. Für diese ist Umweltrelevanz kein

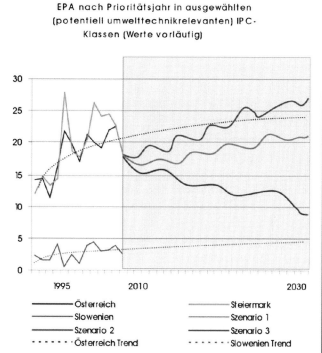

primäres Ziel der F&E-Aktivitäten, wohl aber Effizienz in der Produktion oder geringer Faktoreinsatz. Werden weniger Inputs zur Erzeugung desselben Outputs benötigt, werden weniger Ressourcen zur Erzeugung eines Gutes eingesetzt, so ist diese neue Produktionsmethode umweltschonender als die alte, muss aber nicht unbedingt als solche klassifiziert sein. Außerdem werden Patente dem Unternehmenssitz zugeordnet – hat eine Firma diesen beispielsweise in Wien oder Ljubljana, so wird ein Patent diesen Regionen zugerechnet, obgleich die Innovation selbst ihren Ursprung im Verdichtungsraum Graz-Maribor hat.

Box 12:   Patentanmeldungen je Mio. Einwohner.

Der umweltpolitische Schwerpunkt des dritten Zukunftsbildes spiegelt sich auch in sämtlichen relevanten Schlüsselfaktoren wider. Durch eine europäische Innovationspolitik, welche vorwiegend auf die Förderung von Technologien zur Energiegewinnung aus erneuerbaren Ressourcen und auf die Reduktion des Energieeinsatzes in der Produktion und somit die Senkung negativer externer Effekte auf die Umwelt ausgerichtet ist – und die damit verbundene frühe Spezialisierung auf diese regionale Stärke – konnte sich der grenzüberschreitende Verdichtungsraum Graz-Maribor einen entsprechenden internationalen Wettbewerbsvorteil sichern. Diese Entwicklung manifestiert sich im Indikator *Patente im Bereich erneuerbarer Technologien/ Umwelttechnologien* (Box 12). Auch kann die Region im Szenario *Région Créateur d'Alternatives* die Göteborg-Ziele – die Nutzung von Nachhaltigkeitstechnologien als Wachstumsmotor – erreichen. Zudem ist auch die regionsendogene Nachfrage nach Nachhaltigkeitsprodukten und -technologien relativ hoch – inkludiert doch der entsprechend kommunizierte und getragene Wertewandel auch ein entsprechendes Konsumverhalten. Diese bewusste öffentliche Nachfragepolitik wird in Folge von einer steigenden privaten Nachfrage begleitet. Darüber hinaus führt dieses äußerst umweltbewusste Nachfrageverhalten in der Region zu einer stärkeren regionalen Ausrichtung der Produktion. Im Bereich Energieversorgung konzentriert sich der Verdichtungsraum Graz-Maribor frühzeitig auf dezentrale Versorgungslösungen – angesichts weltweit steigender Energiepreise (siehe Box 9) wird Energie in der Zukunft von *Région Créateur d'Alternatives* so gut wie möglich in der Region selbst produziert (wie nachfolgende Box 13 zeigt). Einzig in diesem dritten Entwicklungsszenario für den grenzüberschreitenden Verdichtungsraum Graz-Maribor kann ein großer Teil der immer knapper werdenden fossilen Rohstoffe durch regenerative Energieträger substituiert und somit auch der Anteil erneuerbarer Energieträger an der Bruttoinlandsproduktion sichtbar gesteigert werden (ohne dass die Gesamtproduktion rückläufig sein muss). Diese Entwicklung ermöglicht erst ein Sinken des Indikators *Verknappung regionaler Umweltressourcen* (siehe Box 3).

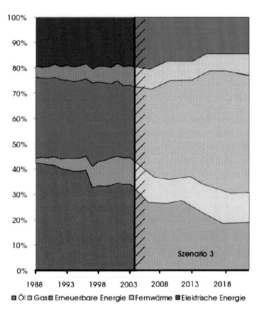

Energie wird in der Zukunft von Région Créateur d'Alternatives vermehrt aus erneuerbaren Energieträgern gewonnen. Die nachhaltig orientierte Wirtschaftspolitik erkennt diese Potentiale frühzeitig – neue Kapazitäten werden aufgebaut, dezentrale Versorgungslösungen werden geschaffen. Biologische Treibstoffe und thermische Kleinanlagen in ländlichen Regionen lösen die Großkraftwerke ab – es werden Einkommensmöglichkeiten, Arbeitsplätze, aber auch Forschungseinrichtungen in der Peripherie geschaffen – was den Ausgleich zwischen Land und Stadt fördert. In der Spitzenlastversorgung bleibt der Verdichtungsraum Graz-Maribor weiterhin in einem gewissen Maß von fossilen Energieträgern abhängig. Der Einsatz von Kohle kann jedoch weitgehend reduziert werden, die Bedeutung von Gas nimmt zu. Die strukturellen Änderungen im Primärenergiemix vollziehen sich auch in Région Créateur d'Alternatives nur allmählich und in der langen Frist. Bestehende Kapazitäten können nicht von heute auf morgen ersetzt werden, gerade eine Energiepolitik, die nachhaltig sein will, muss sich langfristig orientieren und frühzeitig die Richtung vorgeben.

Box 13:   Primärenergieträger-Mix Szenario 3.

Im Entwicklungsszenario 3 lässt sich die *Erreichbarkeit mit öffentlichen Verkehrsmitteln im internationalen Vergleich* aufgrund eines fortschreitenden Ausbaus umweltfreundlicher Fernverkehrskonzepte wie der Bahn steigern. So werden im Transportsektor hohe Investitionen getätigt, um die Verkehrspolitik umweltfreundlicher zu gestalten. Insbesondere werden Ausgaben für die verbesserte Erreichbarkeit der Peripherien mit öffentlichen Verkehrsmitteln getätigt.

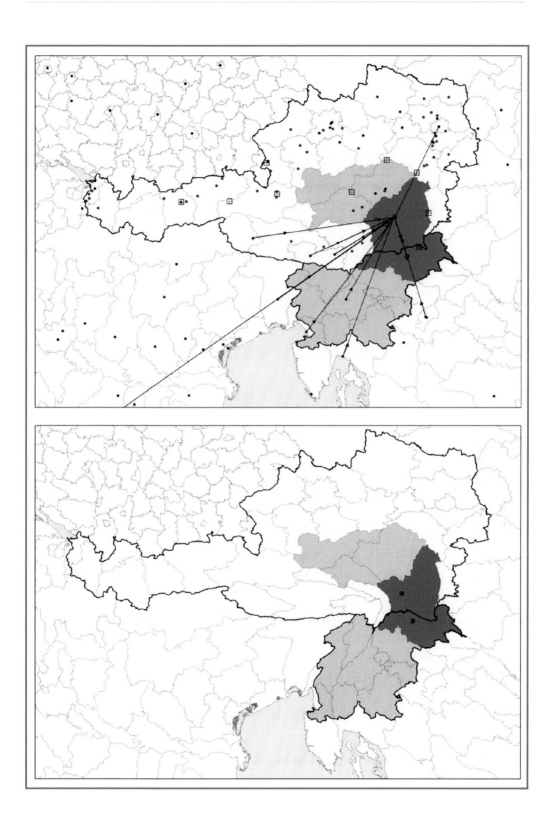

Durch eine intensivierte Koordination von Verkehrspolitik und Raumplanung werden Schritte für die positive Entwicklungsdynamik des ländlichen Raums unternommen. Generell wurden bei den Investitionsmaßnahmen der letzten Jahre jene Infrastrukturmaßnahmen bevorzugt, die ökologische Verhaltens- und Lebensweisen unterstützen und fördern. Somit stand vor allem der Ausbau des öffentlichen Verkehrs in der Region im Vordergrund. Aber auch Investitionen in andere umweltverträgliche Arten von Mobilität und eine nachhaltige Raumplanung genossen höchste Priorität – gilt es doch in einer vormals auf den motorisierten Individualverkehr ausgerichteten Umwelt und Gesellschaft die notwendige Mobilität auf alternativen Wegen sicherzustellen. Die Verkürzung der Reisezeiten lässt die Distanzen schrumpfen – im Süden bringt der Koralmtunnel Kärnten und Italien näher an den Verdichtungsraum, im Norden sorgt der Semmeringtunnel für die dringend benötigten Kapazitätsausweitungen im öffentlichen Verkehr. So gelingt der Region die Überwindung geographischer Barrieren und der Anschluss an ein großräumiges Wirtschaftsgebiet, das sich von Kärnten über Italien bis nach Bratislava und in den Norden der tschechischen Republik erstreckt (die Verkürzung der Reisezeitdistanzen ist in Box 14 dargestellt, für die Berechnungen Kirschner et al. 2007).

Box 14:   Zeitkarte.

Im Transportsektor werden hohe Investitionen getätigt, um die Verkehrspolitik umweltfreundlicher zu gestalten. Insbesondere werden Ausgaben für die verbesserte Erreichbarkeit der Peripherien mit öffentlichen Verkehrsmitteln getätigt. Durch eine intensivierte Koordination von Verkehrspolitik und Raumplanung werden Schritte für die positive Entwicklungsdynamik des ländlichen Raums unternommen. Mit dem Ausbau des öffentlichen Verkehrs verbessert sich die Erreichbarkeit – es werden echte Alternativen zum PKW geschaffen – und angesichts der steigenden Preise für fossile Energieträger auch genutzt. Der verstärkte Einsatz erneuerbarer Energieträger und der konsequente Ausbau des öffentlichen Nahverkehrs lassen die Anzahl der Tage mit Überschreitungen der Grenzwerte für Feinstaubbelastung (PM 10) bereits mittelfristig spürbar sinken.

4.3   DIE WIRTSCHAFT IN CRÉATEUR D'ALTERNATIVES

Der wirtschaftliche Wandel in *Région Créateur d'Alternatives* zeichnet sich vor allem in der zunehmenden Bedeutung von hochtechnologischen und wissensintensiven Produktionsweisen ab. Im Verdichtungsraum Graz-Maribor werden die traditionellen Medium- und Low-tech-Bereiche nach und nach von High-tech-Bereichen abgelöst. Die Automobilindustrie wandert ab, lediglich F&E-Kapazitäten bleiben aufgrund der hervorragenden Ausbildungsmöglichkeiten in der Region. Durch die starke Orientierung auf Umwelttechnologien kann trotz des markanten Wertewandels in der Gesellschaft und entsprechenden Umwälzungen in den Produktionsweisen der *Anteil der Beschäftigten im Industriesektor* gehalten werden. Neue Anforderungen der Produktindividualisierung erfordern die Nähe von Produktion, Entwicklung und Konsum. Die Innovationspolitik ist vorwiegend auf die Förderung von Technologien zur Energiegewinnung aus erneuerbaren Ressourcen, zur Reduktion des Energieeinsatzes in der Produktion und somit der Senkung negativer externer Effekte auf die Umwelt ausgerichtet. Auch die regionalen *Technologie- und Forschungsquoten* steigen dank des Wachstums des regionalen Umwelttechnologiesektors. Darüber hinaus trägt das äußerst umweltbewusste Nachfrageverhalten der Konsumenten in der Region LebMur stark zur Fokussierung der Forschungs- und Entwicklungsausgaben auf die Verbesserung nachhaltig ausgerichteter Dienstleistungskonzepte bei. Im Zukunftsbild *Région Créateur d'Alternatives* entwickeln sich die einzelnen Regionen des Verdichtungsraums Graz-Maribor sehr ausgeglichen, indem sie sich auf ihre endogenen Stärken konzentrieren. Während sich etwa im Szenario *Wissensintensiver Produktionsstandort* die wirtschaftliche Entwicklung der Region hauptsächlich entlang der Entwicklungsachse Wien-Graz-Maribor-Laibach-Zagreb abspielt, kann in diesem nachhaltigen Zukunftsbild die gesamte Region LebMur wirtschaftlich prosperieren (vgl. Box 14). Der Kernraum Graz-Umgebung sowie die slowenische Region Koroška bleiben auch weiterhin industriell geprägt, allerdings verlagert sich deren Hauptaugenmerk auf den Umwelttechnologiesektor. Die dienstleistungsorientierten Regionen entfalten in diesem Zukunftsszenario ihr volles Potential. Im Zuge dieser Entwicklung orientiert sich etwa die Oststeiermark an der bereits heute stark dienstleistungsgeprägten Region Podravska mit dem regionalen Zentrum Maribor. Den LebMur-Agrarregionen gelingt es, sich auf dem Gebiet der erneuerbaren Energieträger zu spezialisieren, somit steuern sie einen wesentlichen Teil zu einer nachhaltigen Energieversorgung im gesamten Untersuchungsgebiet bei. Neben diesem Auftreten als Kompetenzzentren für biogene Rohstoffe kann auch durch die konsequente Umsetzung eines Qualitätstourismus dem Abwandern der Bevölkerung aus den peripheren Gebieten entgegengewirkt werden.

Sowohl im Szenario *High End Destination for Services* als auch in diesem Nachhaltigkeitsszenario steigt die *Dienstleistungsquote* weit stärker als im Rahmenszenario eins. Der fundamentale Unterschied zwischen den beiden dienstleistungsorientierten Szenarien liegt vor allem im Bereich der *wissensintensiven Dienstleistungen*. Nimmt deren Bedeutung in diesem dritten Szenario aufgrund der Dominanz des forschungsintensiven Umwelttechnologiebereichs im Lauf der Zeit immer mehr zu, so werden in Szenario zwei hauptsächlich Dienstleistungen im sozialen und Gesundheitsbereich – sprich in niedrig qualifizierten Bereichen – nachgefragt. Insgesamt basiert die sich äußerst positiv entwickelnde *Wirtschaftsleistung* – anders als im Szenario *Wissensintensiver Produktionsstandort* – nicht (nur) auf den boomenden städtischen Agglomerationszentren, sondern vielmehr auf der Entwicklungsdynamik der urbanen Regionen, welche auf die peripheren Gebiete übergreift. Da der grenzüberschreitende Verdichtungsraum Graz-Maribor in diesem Szenario in eine Europäischen Union integriert ist, welche die Vorreiterrolle bei der Implementierung von Klima- und Umweltschutzpolitik einnimmt, kann er ebenfalls von einem Wettbewerbsvorsprung im Bereich der Nachhaltigkeitstechnologien profitieren. Durch diesen technologischen Vorsprung wächst Europas Wirtschaftsleistung – und somit auch die der Region LebMur im internationalen Vergleich stark an. Die *Versorgungssicherheit bei Energie* kann in Zeiten sinkender Ressourcenbestände in *Région Créateur d'Alternatives* grundsätzlich durch den Ausbau dezentraler innovativer Versorgungslösungen garantiert werden. Die steigenden *Energiekosten in der Produktion* aufgrund teurer – da knapper werdender – fossiler Brennstoffe können ebenfalls durch diesen Umstieg auf alternative Energieträger abgefangen werden.

Schlussendlich kann festgehalten werden, dass sich die Stärken und Schwächen der einzelnen Teilgebiete der Region LebMur ausgleichen und ein Anschluss des Umlandes an die Kernzonen sowie ein Anschluss der Region an das internationale Umfeld gelingen. Der Lebensraum Mur entwickelt sich den jeweiligen regionalen und lokalen endogenen Potentialen entsprechend dynamisch.

5   Was lernen wir aus den drei Szenarien für unsere eine ungeteilte Zukunft?

So unterschiedlich die drei Zukunftsszenarien *Wissensintensiver Produktionsstandort*, *High End Destination for Services* und *Région Créateur d'Alternatives* in ihren Ausprägungen auch sind, eines haben alle diese Bilder gemein: Jedes Szenario hat seine spezifischen Stärken und Schwächen – jedes Szenario hat seine Gewinner und Verlierer:

Tabelle 5:   Hauptentwicklungstendenzen und Warnungen

	Wissensintensiver Produktionsstandort	High End Destination for Services	Région Créateur d'Alternatives
Hauptentwicklungstendenzen	Liberalisierung der Märkte	Dienstleistungsorientierung	Hohe Lebensqualität
	Wissens- & Technologie-orientierung	Integration peripherer Gebiete	Boomender Umwelttechnologiesektor
	Boomender Hochtechnologiesektor	Tourismus-, Wellness- und Kulturregion	Entkoppelung Wirtschaftswachstum u. Ressourcenverbrauch
	F&E-Standort	Kulturelle Stärken	Umweltschutzgedanke
	Dynamische Wachstumsraten	Wohlfahrtsstaat	Dynamische Wachstumsraten
Warnungen	Abbau des Sozialstaates	Produktionsabwanderung	Schwierige Umstellung auf nachhaltigen Wirtschaftsstil
	Steigende räumliche Disparitäten	Geringe F&E-Anstrengungen	
	Energieimportabhängigkeit	Zunehmende Überalterung	
	Keine nachhaltige Wirtschaftspolitik	Restriktive Migrationspolitik	Finanzielle Belastung durch Emissionssteuern
	Umweltprobleme	Energieimportabhängigkeit	Verteuerung fossiler Energie

Quelle: Eigene Darstellung JR-InTeReg.

- Der *Wissensintensiv Produktionsstandort* schafft Arbeit und bringt Wohlstand durch neue effizientere Produktionsmethoden. Mit zunehmender Effizienz steigt auch der Leistungsdruck, niedrig qualifizierte Arbeit wird immer weniger nachgefragt – die Löhne in diesem Bereich sinken zumindest in konjunkturell schwächeren Zeiten. Die internationale Wettbewerbsfähigkeit der Region steht außer Frage und ist durch eine breite und innovative industrielle Basis abgesichert. Die Bildungs- und Ausbildungsmöglichkeiten zählen im technisch-naturwissenschaftlichen Bereich mitunter zu den besten in Europa. Andererseits führen politische Versäumnisse und ein allzu großer Glaube an die selbstregulierenden Kräfte des Marktes zu Marktversagen. Die negativen externen Effekte der energieintensiven Produktion sowie eine Vernachlässigung des öffentlichen Verkehrs lassen die Lebensqualität in den Agglomerationen sinken, die Standortqualität leidet.

- Die Konzentration auf den Dienstleistungsbereich, das Ausschöpfen der endogenen Potentiale der Regionen wie auch eine (Rück-)Besinnung auf traditionelle Werte und Stärken prägen die Welt von *High End Destination for Services*. Die wirtschaftliche Entwicklung greift von den urbanen Zentren rasch auf die Peripherie über, ein mäßig ausgeprägtes, sanftes, vor allem aber ein ausgeglichenes Wirtschaftswachstum lässt die regionalen Disparitäten sinken, ein Ausgleich zwischen den Regionen gelingt. Der sekundäre Sektor erfährt in *High End Destination for Services* jedoch einen echten Bedeutungsverlust – es werden nicht nur Arbeitsplätze abgebaut, dieser Bereich verliert international langfristig an Wettbewerbsfähigkeit. Eine Ökonomie ohne produzierenden Bereich – eine reine Dienstleistungsgesellschaft – kann und wird es nie geben. Mit der schwindenden industriellen Basis sinken die Einkommen, Arbeitsplätze gehen verloren. Die Zuwanderung wird streng reglementiert was zwangsweise zu einer Überalterung der Gesellschaft führen muss. Eine ausgeglichene demographische Struktur kann nicht endogen über steigende Geburtenraten sichergestellt werden.

- So verlockend die erfolgreiche regionale Spezialisierung auf effizienzsteigernde Vermeidungs- und Umwelttechnologien in *Région Créateur d'Alternatives* und die damit verbundene Konzentration der industriellen Produktion auf den Technologie-Bereich auch klingt, jede Spezialisierung birgt auch beachtliche Risikopotentiale. Zum einen ist gerade die steirische Industrie sehr energieintensiv – beispielsweise die Stahlindustrie in der Obersteiermark oder der Fahrzeugbau im Raum Graz. Andererseits wird in diesem Zukunftsbild *a priori* ein Wandel der gesellschaftlichen Wertvorstellungen vorausgesetzt. Mit den Werten der Gesellschaft ändern sich die Präferenzen der Individuen, somit ihre Wünsche und Zielvorstellungen und letztlich das Verhalten der Konsumenten. Gerade zentrale Schlüsselfaktoren für die Eintrittswahrscheinlichkeit von *Région Créateur d'Alternatives,* wie etwa eine maßgebliche Steigerung endogener Nachfrage nach Nachhaltigkeitsprodukten und -technologien und in weiterer Folge auch der Anteil der Beschäftigten im Umwelttechnologiebereich, sind ohne veränderte Nachfragestrukturen im öffentlichen und privaten Bereich undenkbar. Wobei hier keineswegs radikales Umdenken, vielmehr eine allmähliche Anpassung gefordert ist; nicht Konsumverzicht, sondern vermehrt umweltbewusstes Konsumentenverhalten stehen im Vordergrund. Hier offenbaren sich limitierte Lenkmechanismen, ein Wertewandel kann nicht „von oben verordnet werden". Er kann bestenfalls durch die Schaffung and Attraktivierung von Alternativen zu gewohnten Handlungsweisen langsam eingeleitet werden – von heute auf morgen wird niemand gänzlich auf sein Auto verzichten. Ein attraktiver, effizienter, vor allem aber pünktlicher, öffentlicher Verkehr kann aber eine echte Alternative werden (dh. kein reiner Preiswettbewerb, vielmehr spielen die zeitliche Komponente – die Dauer der Reisezeit, vor allem aber Pünktlichkeit – , und weitere Qualitätskriterien eine zentrale Rolle).

Ein weiteres Spannungsfeld ergibt sich aufgrund der zeitlichen Dimension. Szenarien zeichnen langfristige Bilder möglicher Zukünfte – was in der langen Frist erstrebenswert scheint, kann mittel- oder kurzfristig mit erheblichen Problemen verbunden sein. Eine Neuausrichtung auf nachhaltige Produktionsmethoden und die Konzentration auf Hochtechnologie verändern auch das Angebot an

Arbeitsplätzen. Gegen Ende des Projektionszeitraums gelingt es *Région Créateur d'Alternatives* die Bildungs- und Ausbildungsinstitutionen dementsprechend umzugestalten. Mittelfristig gehen mit abnehmender Konkurrenzfähigkeit energie- beziehungsweise rohstoffintensive Arbeitsplätze verloren. Ähnliches gilt für das Szenarieo *High End Destination for Services*, wobei die strukturellen Probleme am Arbeitsmarkt in diesem Zukunftsbild weit drastischer ausfallen dürften – der Dienstleistungssektor kann nicht ohne weiteres die in der Industrie wegfallenden Arbeitsplätze kompensieren. Transferzahlungen und Unterstützungen können den strukturellen Wandel in jedem Zukunftsbild für die Menschen im Verdichtungsraum Graz-Maribor sozial verträglich gestalten – das tatsächliche Ausmaß an Umverteilungsmaßnahmen und ihre Wirkung können kaum abgeschätzt werden. Im von der Industrie getriebenen, effizienzorientierten *Wissensintensiven Produktionsstandort* fallen eher aus. Das Wachstum ist das vorrangige politische Ziel. Im solidarisch geprägten *High End Destination for Services* wird eine gerechte Verteilung der Einkommen und Löhne angestrebt, manchmal leidet darunter die (volks-)wirtschaftliche Effizienz.

Drei mögliche Antworten auf die zu Beginn des Projekts LebMur gestellte Frage „Wo könnten wir in 20 Jahren sein, wenn ...?" wurden nunmehr diskutiert. Drei Szenarien *Wissensintensiver Produktionsstandort, High End Destination for Services* und *Région Créateur d'Alternatives* wurden entwickelt. Doch welchen Weg wird die Region *wirklich* gehen, wo wird sie in 20 Jahren stehen, was werden die Menschen aus ihren unmittelbaren kleinregionalen Zusammenhang machen? Eine letzte Antwort auf diese Fragen kann auch die Szenariotechnik nicht geben. Kausale Zusammenhänge, Wechselwirkungen und Wahrscheinlichkeiten können diskutiert und gegeneinander abgewogen, Warnungen aufgezeigt werden. Für welchen Weg sich die Menschen in Graz, Maribor, Koroška, Pomurska, der West- und Südsteiermark und der Oststeiermark entscheiden, liegt letztlich in ihrer Hand:

Of course, it will be worthwhile to try to improve our understanding of future possibilities and the long-term consequences of alternative policies. But the problem is ultimately too difficult, and these efforts can never be entirely successful; almost the only safeguard that then remains is to try in general to moderate Faustian impulses to overpower the environment, and to try to decrease both the centralisation and the willingness to use accumulating political, economic, and technological power.

(Hermann Kahn, 1967)

Postskriptum: Grenzen der Szenarien für die zukünftige Entwicklung

Die drei Szenarien spiegeln drei mögliche Pfadabhängigkeiten wider, deren konkrete Ausprägungen allerdings noch nicht entschieden sind. Es werden Projektionen von Schlüsselfaktoren erstellt, die nicht unabhängig voneinander betrachtet werden können. Es bestehen starke Wechselwirkungen zwischen den einzelnen Deskriptoren der Szenarien. Dreht man an einem Parameter, um somit die „mögliche Zukunft" in eine andere, wünschenswertere Richtung zu lenken, so hat dies aufgrund von komplexen Wechselwirkungen zwischen den Deskriptoren mitunter zur Folge, dass sich das Wesen eines Szenarios von Grund auf ändert. Bei der Anwendung der Szenariotechnik wird eine kontinuierliche Entwicklung von der Gegenwart in eine mögliche – zeitlich immer weiter entfernte – Zukunft unterstellt. Diskontinuierliche Entwicklungen werden von der Szenario-Methode offensichtlich nicht erfasst. Sie unterstellt mithin eine evolutionäre statt einer revolutionären Entwicklung. Durch den entlang der Zeitachse immer breiter werdenden Szenariotrichter steigen die Summe der möglichen Zukünfte, sowie aber auch die Möglichkeit ihrer extremen Ausprägungen sowohl ins Positive als auch ins Negative. Langfristig sind somit mehr und extremere Zukunftssituationen möglich als kurzfristig. Je weiter man sich auf der Zeitskala entfernt, umso schwieriger wird es, eine „konkrete" Zukunftsmöglichkeit zu präsentieren

In den einzelnen Szenarien lassen sich mehr oder weniger stark ausgeprägte Pfadabhängigkeiten ausmachen, die sich durch kausale Prozesse und an wichtigen Entscheidungspunkten in den Trajektorien der Szenarien einstellen. Die Zukunftsüberlegungen für den Raum LebMur wurden durch die Formulierung europäischer Rahmenszenarien vorbereitet, schließlich wird die zukünftige Entwicklung der Region maßgeblich von der europäischen Dynamik geprägt sein. Als entscheidende Schlüsseldeskriptoren für die Zukunft Europas wurden die wirtschaftliche Schwerpunktsetzung, die Ausrichtung der Wirtschaftspolitik (insbesondere der Arbeitsmarkt-, Sozial- und Infrastrukturpolitik), die demographische Entwicklung sowie die Werthaltung der Bürger ausgewählt.

Wirtschaftlich ist die Entwicklung in allen drei Szenarien positiv, sie unterscheiden sich jedoch stark beim Grad technologischer Neuerung, den Spezialisierungsfeldern der europäischen Wirtschaft, beim Nachfrageverhalten der Konsumenten, beim Umweltbewusstsein der Gesellschaft sowie beim Grad sozialer, aber auch der wirtschaftlichen Kohäsion. In allen drei Szenarien sind spezifische Herausforderungen wie die Dualisierung der Wirtschaft, geringe Forschungs- und Entwicklungsausgaben oder eine durch den fortschreitenden Strukturwandel bedingte Neuausrichtung der Wirtschaft zu meistern. Die drei europäischen Szenarien stecken den Rahmen bzw. eine Denkrichtung für die Entwicklungsperspektiven zum Raum LebMur ab, wenngleich klarerweise keines eins zu eins für die Region übernommen werden kann. Inhaltlich zeitigt jedes einzelne unterschiedliche Folgeerscheinungen für den Raum LebMur. Einzelne Komponenten der europäischen Szenarien sind von unterschiedlicher Relevanz für den grenzüberschreitenden Verdichtungsraum, ihre Entsprechungen gilt es zu identifizieren und zu diskutieren.

6 Bibliographie

Aumayr Ch. (2006a): *Eine Region im europäischen Vergleich*, in Prettenthaler, F. (Hg.), Zukunftsszenarien für den Verdichtungsraum Graz-Maribor (LebMur), Teil A: zum Status quo der Region, Verlag der Österreichischen Akademie der Wissenschaften, Wien 2007, ISBN 978-3-7001-3893-8.

Aumayr Ch. (2006b): *Zum Strukturwandel der Region,* in Prettenthaler, F. (Hg.), Zukunftsszenarien für den Verdichtungsraum Graz-Maribor (LebMur), Teil A: zum Status quo der Region, Verlag der Österreichischen Akademie der Wissenschaften, Wien 2007, ISBN 978-3-7001-3893-8.

Aumayr Ch., Kirschner E. (2006): *Hypothesen zur zukünftigen Entwicklung,* in Prettenthaler, F. (Hg.), Zukunftsszenarien für den Verdichtungsraum Graz-Maribor (LebMur), Teil A: zum Status quo der Region, Verlag der Österreichischen Akademie der Wissenschaften, Wien 2007, ISBN 978-3-7001-3893-8.

Europäische Kommission (2009): *Economic forecast spring 2009.* Online verfügbar unter http://ec.europa.eu/economy_finance/publications, zuletzt geprüft am 20/07/2009.

EUROSTAT Datenbank (2009): *Regionalstatistiken.* Online verfügbar unter http://epp.eurostat.ec.europa.eu/portal/page/portal/statistics/search_database, zuletzt geprüft am 20/07/2009.

Höhenberger N., Prettenthaler F. (2007): *Die Szenarien – der Meinungsbildungsprozess,* in Prettenthaler, F. und Kirschner, E. (Hg.), Zukunftsszenarien für den Verdichtungsraum Graz-Maribor (LebMur), Teil C: Die Zukunft denken, Verlag der Österreichischen Akademie der Wissenschaften, Wien 2008, ISBN 978-3-7001-3912-6.

IHS (2009): *Prognose der Österreichischen Wirtschaft 2009-2010.* Online abrufbar unter http://www.ihs.ac.at/publications/lib/prognose260609.pdf, zuletzt geprüft am 20/07/2009.

IMF (2009): *World Economic Outlook Update.* Online abrufbar unter http://www.imf.org/external/pubs/ft/weo/2009/update/02/pdf/0709.pdf, geprüft am 20/07/2009.

Kirschner E., Prettenthaler F. (2006): Ein Portrait der Region, in: Prettenthaler, F. (Hg.), Zukunftsszenarien für den Verdichtungsraum Graz-Maribor (LebMur), Teil A: zum Status quo der Region, Verlag der Österreichischen Akademie der Wissenschaften, Wien 2007, ISBN 978-3-7001-3893-8.

Kirschner E., Prettenthaler F. (2007): *Rahmenbedingungen der gemeinsamen Entwicklung,* in Prettenthaler, F. und Kirschner, E. (Hg.), Zukunftsszenarien für den Verdichtungsraum Graz-Maribor (LebMur), Teil B: Rahmenbedingungen & Methoden, Verlag der Österreichischen Akademie der Wissenschaften, Wien 2008, ISBN 978-3-7001-3911-9.

Kirschner E., Prettenthaler F., Habsburg-Lothringen C. (2007): *Die Szenarien – die Ergebnisse im Detail,* in Prettenthaler, F. und Kirschner, E. (Hg.), Zukunftsszenarien für den Verdichtungsraum Graz-Maribor (LebMur), Teil C: Die Zukunft denken, Verlag der Österreichischen Akademie der Wissenschaften, Wien 2008, ISBN 978-3-7001-3912-6.

OECD (2009): *World Economic Outlook.* Online verfügbar unter http://www.oecd.org/document/ 18/0,3343,en_2649_33733_20347538_1_1_1_1,00.html, zuletzt geprüft am 20/07/2009.

Prettenthaler, F. (Hg.) (2007): Zukunftsszenarien für den Verdichtungsraum Graz-Maribor (LebMur), *Teil A: zum Status quo der Region*, Verlag der Österreichischen Akademie der Wissenschaften, Wien 2007, ISBN 978-3-7001-3893-8.

Prettenthaler F., Höhenberger N. (2007): *Grundlagen und Methoden von „Regional-Foresight",* in Prettenthaler, F. und Kirschner, E. (Hg.), Zukunftsszenarien für den Verdichtungsraum Graz-Maribor (LebMur), Teil B: Rahmenbedingungen & Methoden, Verlag der Österreichischen Akademie der Wissenschaften, Wien 2008, ISBN 978-3-7001-3911-9.

Prettenthaler, F. und Kirschner, E. (Hg.) (2007a): Zukunftsszenarien für den Verdichtungsraum Graz-Maribor (LebMur), *Teil B: Rahmenbedingungen & Methoden*, Verlag der Österreichischen Akademie der Wissenschaften, Wien 2008, ISBN 978-3-7001-3911-9.

Prettenthaler, F. und Kirschner, E. (Hg.) (2007b): Zukunftsszenarien für den Verdichtungsraum Graz-Maribor (LebMur), *Teil C: Die Zukunft denken*, Verlag der Österreichischen Akademie der Wissenschaften, Wien 2007, ISBN 978-3-7001-3912-6.

Prettenthaler F., Kirschner E., Schinko T., Höhenberger N. (2008): *Die Synthese – drei Szenarien,* in Prettenthaler, F. und Kirschner, E. (Hg.), Zukunftsszenarien für den Verdichtungsraum Graz-Maribor (LebMur), Teil C: Die Zukunft denken, Verlag der Österreichischen Akademie der Wissenschaften, Wien 2008, ISBN 978-3-7001-3912-6.

Prettenthaler F., Schinko T. (2007): *Europäische Rahmenszenarien,* in Prettenthaler, F. und Kirschner, E. (Hg.), Zukunftsszenarien für den Verdichtungsraum Graz-Maribor (LebMur), Teil B: Rahmenbedingungen & Methoden, Verlag der Österreichischen Akademie der Wissenschaften, Wien 2008, ISBN 978-3-7001-3911-9.

SI-STAT Datenbank (2009): *Statistical Office of the Republic of Slovenia.* Online verfügbar unter http://www.stat.si/eng/index.asp, zuletzt geprüft am 20/07/2009.

Slowenische Regierung (2009): *The action of the government of Slovenia in tackling the financial and economic crisis.* Online verfügbar unter http://www.svr.gov.si/en

STATISTIK AUSTRIA Datenbank (2009): *Index A-Z.* Online verfügbar unter http://www.statistik.at/, zuletzt geprüft am 20/07/2009.

WIFO (2009): *Prognose für 2009 und 2010 – Maßnahmen zur Konjunkturstabilisierung zeigen erste Wirkung.* Online verfügbar unter http://www.wifo.ac.at/wwa/servlet/wwa.upload. DownloadServlet/bdoc/P_2009_06_26$.PDF, zuletzt geprüft am 20/07/2009.

Zumbusch K. (2007): *Grenzüberschreitende „Regional-Foresight"-Prozesse,* in Prettenthaler, F. und Kirschner, E. (Hg.), Zukunftsszenarien für den Verdichtungsraum Graz-Maribor (LebMur), Teil B: Rahmenbedingungen & Methoden, Verlag der Österreichischen Akademie der Wissenschaften, Wien 2008, ISBN 978-3-7001-3911-9.

DIE SZENARIEN – DER MEINUNGSBILDUNGSPROZESS

Nicole Höhenberger

JOANNEUM RESEARCH, Institut für Technologie-
und Regionalpolitik

Elisabethstraße 20, 8010 Graz

Franz Prettenthaler

JOANNEUM RESEARCH, Institut für Technologie-
und Regionalpolitik

Elisabethstraße 20, 8010 Graz

e-mail: franz.prettenthaler@joanneum.at,

Tel: +43-316-876/1455

Abstract:

Im Rahmen der Erstellung von Zukunftsszenarien für den Verdichtungsraum Graz-Maribor wurde im Juni 2006 eine Assoziativbefragung durchgeführt. Es nahmen 91 Personen aus den Bereichen Forschung, Politik und Verwaltung, Wirtschaft und Zivilgesellschaft aus der Steiermark und Slowenien teil, es wurden auch erfolgreiche Steirer, die nicht mehr in der Steiermark leben, befragt. Die Auswertung wurde sowohl für die gesamte Grundmenge als auch getrennt nach den einzelnen fachbezogenen Teilgruppen vorgenommen, für eine Auswertung nach derzeitigem Wohnsitz war der Rücklauf der Befragten außerhalb der Steiermark zu gering. Auf die Frage, welches Thema die Steiermark 2030 wirtschaftlich und sozial am meisten prägen wird, nannten die Befragten am häufigsten die Überalterung der Gesellschaft. Ferner wurden die Entwicklung am Arbeitsmarkt und im Bildungsbereich sowie der wachsende Einfluss von Bio-, Nano- und Werkstofftechnologie als Schlüsselfaktoren der Zukunft angeführt. Als die größten Chancen für die weitere Entwicklung der Steiermark wurden Investitionen in Bildung, neue Technologien und Nachhaltigkeit identifiziert. Den größten Handlungsbedarf sahen die Befragten in den Bereichen Bildung, Infrastruktur sowie Technologie- und Innovationsförderung. Die Auswertung nach den Teilgruppen ergab teilweise erhebliche Diskrepanzen zu den Ergebnissen der Grundgesamtheit. Vor allem die Antworten der Untergruppe Zivilgesellschaft wichen stark ab. Die Themen regionale Entwicklung und die Möglichkeiten grenzüberschreitender Kooperationen wurden von diesem Personenkreis deutlich höher als von der Gesamtheit der Befragten eingeschätzt.

Keywords: Assoziativbefragung, Forschung, Politik und Verwaltung, Wirtschaft, Zivilgesellschaft, Chancen der Region, Handlungsbedarf der Wirtschaftspolitik.

JEL Classification: O18, O20, P27.

Inhaltsverzeichnis Teil C2

Tabellen-, Bilder- und Abbildungsverzeichnis Teil C2

WELCHE THEMEN PRÄGEN DIE REGION

Allgemeine Auswertung

Themen	Anteil der Nennungen in Prozent
Demographischer Wandel	13,65
Arbeitsmarkt	8,19
Bildung	5,8
Neue Technologien	5,8
Regionalismus	5,46
Nachhaltiges Wirtschaften	5,12
Internationale Kooperationen	4,78
Immigrationspolitik	4,44
Regionale Disparitäten	4,1
Standortwettbewerb	4,1
Verknappung regionaler Umweltressourcen	4,1
Strukturwandel	3,75
Sozialstaat	3,75

Teilbereich Politik und Verwaltung

Themen	Anteil der Nennungen in Prozent
Arbeitsmarkt	15,93
Demographischer Wandel	12,39
Neue Technologien	7,08
Bildung	6,19
Nachhaltiges Wirtschaften	5,31
Regionalisierung	5,31
Sozialstaat	5,31

Bereich Zivilgesellschaft

Themen	Anteil der Nennungen in Prozent
Demographischer Wandel	8,33
Internationale Kooperationen	8,33
Regionalismus	8,33
Bildung	5,56
Infrastruktur	5,56
Multikulturalität	5,56
Sozialstaat	5,56

Teilbereich Forschung

Themen	Anteil der Nennungen in Prozent
Demographischer Wandel	15,09
Bildung	9,43
Nachhaltiges Wirtschaften	9,43
Immigrationspolitik	7,55
Neue Technologien	7,55
Arbeitsmarkt	5,67
Regionalisierung	5,67
Standortwettbewerb	5,67

Teilbereich Wirtschaft

Themen	Anteil der Nennungen in Prozent
Demographischer Wandel	16,48
Strukturwandel	10,99
Regionale Disparitäten	9,9
Regionalismus	5,5
Verknappung von Umweltressourcen	5,5
Nachhaltiges Wirtschaften	4,4
Standortwettbewerb	4,4

1 Welche Themen prägen die Region 2030 am stärksten?

Die Erstellung von Szenarien ist ein partizipativer Prozess, bei dem es von Vorteil ist, das Wissen und die Meinungen vieler Stakeholder zu berücksichtigen. Als Grundlage für die Szenarien des grenzüberschreitenden Verdichtungsraums Graz-Maribor wurden daher im Mai und Juni 2006 Assoziativbefragungen durchgeführt.

Die befragten Personen sollten dabei ihre Einschätzungen bezüglich der größten Entwicklungsmöglichkeiten und Herausforderungen für die Wirtschaftspolitik sowie der die Region bis 2030 prägendsten sozioökonomischen Themen abgeben.

An der schriftlichen Befragung nahmen 91 Personen aus den vier Bereichen Forschung, Politik und Verwaltung, Wirtschaft und Zivilgesellschaft teil. Bei der Streuung wurde darauf geachtet, eine breite Meinung einzuholen. Die Personen wurden in Hinblick auf ihre Bedeutung für und ihren Einfluss auf die Gestaltung der Zukunft der Steiermark ausgewählt – Vertreter von Interessensgemeinschaften (Industriellenvereinigung und Wirtschaftskammer etwa), Universitäten, außeruniversitäre Forschungseinrichtungen, JungpolitikerInnen, Abteilungen der steirischen Landesregierung und steirische Unternehmen.

Aus den Bereichen Politik sowie Wirtschaft kamen je ein Drittel der Befragten, aus den Bereichen Forschung und Zivilgesellschaft je ein Sechstel. Die Meinungen der Wirtschaft und der Politik sind aus diesem Grund möglicherweise etwas überrepräsentiert, weshalb auch eine Auswertung nach Teilgruppen vorgenommen wurde, um die mögliche Heterogenität der Meinungen innerhalb der steirischen Meinungsträger aufzudecken. Es interessierte jedoch nicht nur die Meinung der Gesamtgruppe, sondern auch, ob die Einschätzungen über die weitere Entwicklung, die Möglichkeiten und Chancen zwischen den einzelnen Teilbereichen homogen oder stark heterogen sind.

Im Anschluss an die Befragung wurden die beteiligten Personen zur Diskussion von drei Zukunftsszenarien eingeladen. Dieser Workshop fand am 20. Juni 2006 in der Orangerie in Graz statt, dessen Ergebnisse werden auch im Rahmen dieser Arbeit wiedergegeben.

Die Ergebnisse der Befragung und des Workshops flossen in die für den grenzüberschreitenden Verdichtungsraum Graz-Maribor erstellten Szenarien mit ein.

1.1 ALLGEMEINE AUSWERTUNG

Die 91 Personen wurden zunächst befragt, welche ihrer Einschätzung nach die prägendsten Themen für die Region bis 2030 darstellen würden. Den 293 Antworten wurden 43 Themenblöcke zugeordnet; im Durchschnitt gaben die Befragten 3,2 Antworten. Personen aus den Bereichen Wirtschaft und Zivilgesellschaft nannten jedoch durchschnittlich nur 2,8 Themen, während ForscherInnen 3,5 und Personen aus der Gruppe Politik und Verwaltung sogar 3,7 Themenbereiche ansprachen. Die elf am häufigsten genannten Themen – welche zwei Drittel der gegebenen Antworten abdecken – werden im Folgenden detaillierter besprochen.

Tabelle 6: Die prägendsten Themen der Zukunft für die Grundgesamtheit

Themen	Anteil der Nennungen in Prozent	Anteil der Personen in Prozent
Demographischer Wandel	13,65	43,96
Arbeitsmarkt	8,19	26,37
Bildung	5,8	18,68
Neue Technologien	5,8	18,68
Regionalismus	5,46	17,58
Nachhaltiges Wirtschaften	5,12	16,48
Internationale Kooperationen	4,78	15,38
Immigrationspolitik	4,44	14,29
Regionale Disparitäten	4,1	13,19
Standortwettbewerb	4,1	13,19
Verknappung regionaler Umweltressourcen	4,1	13,19
Strukturwandel	3,75	12,09
Sozialstaat	3,75	12,09

Quelle: Eigene Berechnungen, eigene Darstellung JR-InTeReg.

Als das klar dominierende Thema unter den Befragten kristallisierte sich der **demographische Wandel** heraus, welcher von 44 % aller Personen als eines der prägendsten Themen bezeichnet wurde. Insbesondere die mit der Überalterung der Gesellschaft einhergehenden Probleme wie die zukünftige Sicherung der Pensionen oder die ausreichende Bereitstellung von Arbeitskräften in der Region wurden hier angesprochen.

Von rund einem Viertel wurde die Entwicklung am **Arbeitsmarkt** thematisiert – insbesondere wurden Probleme in Bezug auf Arbeitslosigkeit sowie die Zunahme prekärer Beschäftigungsverhältnisse und die Herausforderungen für die Beschäftigungspolitik diskutiert. Im Brennpunkt standen außerdem die Konsequenzen des Arbeitskräftemangels im Pflegebereich. Bestimmend für die Prosperität der Region wird darüber hinaus die Gestaltung der **Bildungspolitik** sein. Für die Aufrechterhaltung der regionalen Wettbewerbsfähigkeit soll daher für die Verbesserung des Aus- und Weiterbildungsangebots und für eine Erhöhung der Investitionen in Humankapital gesorgt werden.

Als einschneidend werden von einem Fünftel auch technologische Entwicklungen etwa in den Bereichen Bio-, Nano- und Werkstofftechnologien beurteilt. Die Befragten meinten, dass die Nutzung dieser **neuen Technologien** die Wirtschaft grundlegend verändern wird und dass in der Zukunft eine Weiterspezialisierung im Hochtechnologiesektor stattfinden wird. Darüber hinaus wird mit weitreichenden Verbesserungen der Informations- und Kommunikationstechnologien zu rechnen sein, welche vor allem den peripheren Teilen der Region zugute kommen sollten. Zunächst wird jedoch der zu bewältigende **Strukturwandel** das Wirtschaftsbild dominieren, auch wenn nur 12 % der Befragten dieses Thema als ein prägendes Zukunftsthema einstufen. Es gilt, den Übergang von traditionellen ingenieurbasierten Branchen im Mitteltechnologiesegment zu einer stärker wissensbasierten Wirtschaft mit einem starken Hochtechnologiesektor zu meistern.

Als Gegentrend zur Globalisierung sahen die befragten Personen die Nutzung regionaler Vorteile als eines der beherrschenden Themen der Zukunft; die **Regionalisierung** der Energie- und Lebensmittelversorgung zur Erhaltung der Unabhängigkeit der Region und langfristigen Sicherstellung einer hohen Lebensqualität wird eine zunehmend größere Rolle spielen. Neben der Bewahrung der Eigenständigkeit in Teilbereichen der Wirtschaft wird der Ausbau **internationaler Kooperationen** zusehends das Wirtschaftsbild dominieren. Durch die Zunahme grenzüberschreitender wirtschaftlicher Tätigkeit soll die internationale Konkurrenzfähigkeit der Region gestärkt und der **Standort** trotz steigendem **internationalen Wettbewerb**

nachhaltig abgesichert werden. Von einem Teil der Befragten wird jedoch befürchtet, dass künftig nur noch die Wirtschaftszentren prosperieren werden, während die Peripherie stagniert; es besteht die Gefahr der **regionalen Disparität**. **Nachhaltiges Wirtschaften** wird – auch weil es auf Europa- und auf Bundesebene zu einem zentralen Zukunftsthema erhoben wurde – in der Steiermark mehr Raum in der Wirtschaftspolitik einnehmen. In den Mittelpunkt wird dabei insbesondere die Forcierung erneuerbarer Energien rücken. Nachhaltigkeit wird auch deshalb ein zentrales Thema darstellen, weil die **Verknappung regionaler Umweltressourcen** befürchtet wird. Die Auswirkungen der steigenden Umweltbelastung durch Lärm- und Abgasprobleme werden als ebenso wichtig eingestuft wie die Auswirkungen des Klimawandels auf die Verfügbarkeit von Umweltressourcen.

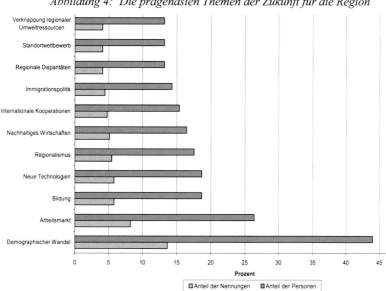

Abbildung 4: Die prägendsten Themen der Zukunft für die Region

Quelle: Eigene Darstellung JR-InTeReg.

Auf politischer Ebene wird die Integration von Ausländern eine größere Rolle spielen, ebenso die Frage, wie in Zukunft die **Immigrationspolitik** gestaltet werden soll. Zudem werden die weitere Ausgestaltung des Sozialstaates und in Zusammenhang damit die Finanzierungsprobleme öffentlicher Leistungen vor dem Hintergrund einer alternden Gesellschaft ein prägendes Thema darstellen. Die große Befürchtung ist, dass soziale Leistungen nicht mehr in dem Ausmaß wie heute geleistet werden können.

Zusammenfassend kann festgehalten werden, dass die Überalterung der Gesellschaft sowie deren Auswirkungen auf den Arbeitsmarkt und den Sozialstaat als *das* Thema angesehen wurden, das nach Meinung der Befragten die Zukunft am stärksten dominieren wird. Als überraschend wichtig wurde in der Befragung die Wirkung der Themen Regionalisierung und regionale Divergenz eingeschätzt – die weitere Entwicklung auf europäischer Ebene wurde hingegen nicht explizit als ein die Region prägendes Thema identifiziert.

1.2   AUSWERTUNG NACH UNTERGRUPPEN

Die Fragebögen wurden nach der Gesamtauswertung auch noch nach der Zugehörigkeit der befragten Personen zu den Bereichen Forschung, Politik und Verwaltung, Wirtschaft und Zivilgesellschaft analysiert, um eventuell bestehende divergierende Einschätzungen zwischen den einzelnen Gruppen aufzuzeigen.

1.2.1   Ergebnisse für den Teilbereich Politik und Verwaltung

Der größte Unterschied zum Ergebnis der Grundgesamtheit besteht in der Einschätzung der Personen aus der Gruppe Politik und Verwaltung in Bezug auf die Entwicklungen am **Arbeitsmarkt**, da die Bedeutung dieses Themas doppelt so hoch bewertet wurde wie in der allgemeinen Auswertung. Aus diesem Grund ist der Themenbereich **Demographie** – obwohl von 45 % der Personen genannt – erst an zweiter Stelle gereiht. Damit ist die Gruppe Politik und Verwaltung die einzige Untergruppe, in der das Thema Demographie nicht das meistgenannte ist. Der Diskussion über die künftige Absicherung des **Sozialstaates** wurde eine überproportional hohe Bedeutung beigemessen, während der Einfluss der Themen **nachhaltiges Wirtschaften**, **Bildung**, **Regionalisierung** und **neue Technologien** hingegen ungefähr gleich wie von der Gesamtheit der Befragten beurteilt wurde.

Tabelle 7:   Die prägendsten Themen der Zukunft für die Gruppe Politik und Verwaltung

Themen	Anteil der Nennungen in Prozent	Anteil der Personen in Prozent
Arbeitsmarkt	15,93	58,06
Demographischer Wandel	12,39	45,16
Neue Technologien	7,08	25,81
Bildung	6,19	22,58
Nachhaltiges Wirtschaften	5,31	19,35
Regionalisierung	5,31	19,35
Sozialstaat	5,31	19,35

Quelle: Eigene Berechnungen, eigene Darstellung JR-InTeReg.

1.2.2   Ergebnisse für den Teilbereich Zivilgesellschaft

Die Ergebnisse der Untergruppe Zivilgesellschaft unterschieden sich am stärksten von jenen der Grundgesamtheit. Der **demographische Wandel** wurde nur von einem Viertel der befragten Personen als eines der prägendsten Themen angeführt und erzielte damit nur einen Anteil von 8,33 % der gesamten Nennungen. Damit ist der künftige Einfluss, den die Vertreter der Zivilgesellschaft diesem Thema beimessen, nur halb so groß wie in den anderen Teilgruppen. Andererseits nehmen die Themen **internationale Kooperationen** und **Regionalisierung** nach Einschätzung der Zivilgesellschaft für die Zukunft der Region einen ebenso hohen Stellenwert ein wie die sich verändernde Altersstruktur. Die Rolle dieser beiden letztgenannten Faktoren wurde somit deutlich wichtiger eingeschätzt als von den anderen Befragten. Zu den wichtigsten wirtschaftlichen und sozialen Tendenzen wurden – ganz im Gegensatz zu den anderen Personengruppen – auch die Bereiche **Infrastruktur, Multikulturalität** und **Sozialstaat** gezählt. Besonders eklatant fiel der Unterschied beim Themengebiet Multikulturalität aus: Während im Durchschnitt nur 2,2 % der Personen diesem Thema große Bedeutung für die

Zukunft beimaßen, waren es aus dem Bereich Zivilgesellschaft 15,38 %. Lediglich die Rolle der **Bildung** spiegelt die Gesamtmeinung über die dominierenden Themen der Zukunft wider.

Tabelle 8: Die prägendsten Themen der Zukunft für die Gruppe Zivilgesellschaft

Themen	Anteil der Nennungen in Prozent	Anteil der Person in Prozent
Demographischer Wandel	8,33	23,08
Internationale Kooperationen	8,33	23,08
Regionalismus	8,33	23,08
Bildung	5,56	15,38
Infrastruktur	5,56	15,38
Multikulturalität	5,56	15,38
Sozialstaat	5,56	15,38

Quelle: Eigene Berechnungen, eigene Darstellung JR-InTeReg.

1.2.3 Ergebnisse für den Teilbereich Forschung

Die Bedeutung, die dem **demographischen Wandel** zugeschrieben wird, ist in der Untergruppe Forschung am höchsten; mehr als die Hälfte der Befragten – und damit um 10 % mehr als im Durchschnitt und beinahe doppelt so viele wie aus dem Bereich Zivilgesellschaft – schrieben diesem Thema eine wesentliche Rolle für die weitere Entwicklung der Region zu. Mit 40 und 50 % wurden die Bereiche **Bildung, nachhaltiges Wirtschaften und** die **Immigrationspolitik** als wesentlich wichtiger als vom Durchschnitt der übrigen Befragten eingestuft. Leicht stärker wurde auch die künftige Dominanz der Themen **Regionalisierung, Standortwettbewerb** und **neue Technologien** bewertet. Der Einfluss des **Arbeitsmarktes** auf die weitere sozioökonomische Entwicklung der Region wurde hingegen unterdurchschnittlich eingeschätzt.

Tabelle 9: Die prägendsten Themen der Zukunft für die Gruppe Forschung

Themen	Anteil der Nennungen in Prozent	Anteil der Personen in Prozent
Demographischer Wandel	15,09	53,33
Bildung	9,43	33,33
Nachhaltiges Wirtschaften	9,43	33,33
Immigrationspolitik	7,55	26,67
Neue Technologien	7,55	26,67
Arbeitsmarkt	5,67	20
Regionalisierung	5,67	20
Standortwettbewerb	5,67	20

Quelle: Eigene Berechnungen, eigene Darstellung JR-InTeReg.

1.2.4   Ergebnisse für den Teilbereich Wirtschaft

Der **demographische Wandel** wird die größte Rolle im Leben der Region spielen. An zweiter Stelle rangiert der **Strukturwandel**, welcher bei keiner anderen Teilgruppe unter den zehn einflussreichsten Themen zu finden ist. Aufgrund der stärkeren Auseinandersetzung der Wirtschaft mit den Auswirkungen des strukturellen Wandels auf traditionelle Branchen ist dieses Ergebnis jedoch wenig überraschend.

Tabelle 10: Die prägendsten Themen der Zukunft für die Gruppe Wirtschaft

Themen	Anteil der Nennungen in Prozent	Anteil der Personen in Prozent
Demographischer Wandel	16,48	46,88
Strukturwandel	10,99	31,25
Regionale Disparitäten	9,9	28,13
Regionalismus	5,5	15,63
Verknappung von Umweltressourcen	5,5	15,63
Nachhaltiges Wirtschaften	4,4	12,5
Standortwettbewerb	4,4	12,5

Quelle: Eigene Berechnungen, eigene Darstellung JR-InTeReg.

Das Thema der **regionalen Disparitäten** wird von der Wirtschaft beinahe doppelt so oft thematisiert wie im Durchschnitt, während den Bereichen **Regionalisierung, Verknappung von Umweltressourcen, nachhaltiges Wirtschaften** und **Standortwettbewerb** für die Zukunft eine ähnliche Einflussstärke zugeschrieben wird wie von den anderen Befragten. Das Resümee ist, dass der demographische Wandel nach Ansicht der Befragten das alles beherrschende Thema der Zukunft darstellen wird – und dies über die einzelnen Disziplinen Forschung, Kultur, Politik, Religion, Verwaltung und Wirtschaft hinweg. Die Rolle des Arbeitsmarktes wurde hingegen unterschiedlich beurteilt – während dieser von knapp 60 % der Personen aus der Teilgruppe Politik und Verwaltung zu einem der wichtigsten Themen der Zukunft gezählt wurde, ist der Arbeitsmarkt in den übrigen Untergruppen nur von untergeordneter Bedeutung. Lediglich 6,25 % aus dem Bereich Wirtschaft, 7,69 % aus dem Bereich Zivilgesellschaft und 20 % aus dem Bereich Forschung glauben, dass der Arbeitsmarkt in Zukunft die Region am meisten prägen wird.

Auch die Bedeutung des Strukturwandels für die künftige Entwicklung wurde sehr unterschiedlich eingeschätzt; für die Wirtschaft ist diese groß, für die übrigen Befragten nur gering. Konträr dazu verlief die Beurteilung der Rolle neuer Technologien: Rund ein Viertel der Befragten aus Forschung und Politik und Verwaltung schätzten die Auswirkungen neuer Technologien auf das sozioökonomische Leben hoch ein, während diese für Vertreter aus Zivilgesellschaft und Wirtschaft ein deutlich kleineres Potential haben. Insgesamt weichen die Bewertungen der Zivilgesellschaft teilweise stark von den Einschätzungen der übrigen Befragten ab, was auf den stark kulturell, sozial beziehungsweise religiös geprägten Hintergrund dieser Personen im Vergleich zu den anderen eher

DIE GRÖSSTEN CHANCEN FÜR DIE REGION BIS 2030

Allgemeine Auswertung

Themen	Anteil der Nennungen in Prozent
Humankapital	16,73
Neue Technologien	14,5
Nachhaltiges Wirtschaften	12,27
Internationale Kooperationen	10,04
Forschung und Entwicklung	8,55
Qualitätstourismus	6,69
Lebensqualität	4,46
Clusterbildung	2,97
Verkehr	2,97
Regionalisierung	2,97

Teilbereich Politik und Verwaltung

Themen	Anteil der Nennungen in Prozent
Humankapital	15,45
Nachhaltiges Wirtschaften	14,55
Internationale Kooperationen	13,64
Qualitätstourismus	10

Bereich Zivilgesellschaft

Themen	Anteil der Nennungen in Prozent
Humankapital	20,59
Internationale Kooperationen	11,76
Nachhaltiges Wirtschaften	11,76
Kulturzentrum Graz	8,82
Lebensqualität	8,82

Teilbereich Forschung

Themen	Anteil der Nennungen in Prozent
Humankapital	26,32
Neue Technologien	15,79
Internationale Kooperationen	10,53
Nachhaltiges Wirtschaften	10,53

Teilbereich Wirtschaft

Themen	Anteil der Nennungen in Prozent
Neue Technologien	18,39
Forschung und Entwicklung	17,24
Humankapital	12,64
Nachhaltiges Wirtschaften	11,49

2 Die größten Chancen für die Region bis 2030

2.1 ALLGEMEINE AUSWERTUNG

Den 91 Personen wurde nun die Frage gestellt, wie sich die Region in Zukunft im internationalen Wettbewerb positionieren soll und welche Möglichkeiten wahrgenommen werden müssen, um die Konkurrenzfähigkeit nachhaltig zu sichern. Insgesamt gaben die Befragten 269 Antworten – im Schnitt pro Person je drei; wobei die befragten Personen aus den Bereichen Forschung, Wirtschaft und Zivilgesellschaft im Durchschnitt nur zwischen 2,5 und 2,7 Antworten gaben und die Personen aus der Gruppe Politik und Verwaltung mit durchschnittlich je 3,5 Antworten die meisten Chancen für die Region nennen konnten. Die Antworten konnten 28 Themenblöcken zugeordnet werden. Die Übereinstimmung der Personen im Hinblick auf die größten Profilierungsmöglichkeiten der Steiermark war sehr hoch, weshalb die zehn meist genannten Themen zusammen bereits 82,15 % aller Antworten abdecken.

Tabelle 11: Die größten Chancen für 2030

Themen	Anteil der Nennungen in Prozent	Anteil der Personen in Prozent
Humankapital	16,73	49,45
Neue Technologien	14,5	42,86
Nachhaltiges Wirtschaften	12,27	36,26
Internationale Kooperationen	10,04	29,67
Forschung und Entwicklung	8,55	25,27
Qualitätstourismus	6,69	19,78
Lebensqualität	4,46	13,19
Clusterbildung	2,97	8,79
Verkehr	2,97	8,79
Regionalisierung	2,97	8,79

Quelle: Eigene Berechnungen, eigene Darstellung JR-InTeReg.

Als die Schlüsselressource für eine nachhaltige Wettbewerbsfähigkeit der Region wurde der Faktor **Humankapital** identifiziert. Ohne hoch qualifizierte Personen wird es nach Ansicht der Hälfte der Befragten nicht möglich sein, der Konkurrenz aus anderen Teilen der Welt erfolgreich zu begegnen. Aus diesem Grund müssen alle Möglichkeiten genutzt werden, um Investitionen im Bildungs- und Hochschulbereich zu tätigen und die Ausbildung praxisnaher zu gestalten. Keinesfalls darf die Region den Transformationsprozess zu einer stark wissensbasierten Gesellschaft verpassen, in der Hochtechnologiebranchen sowie F&E-Abteilungen einen zunehmend größeren Anteil an der Wirtschaftsleistung haben werden. Investitionen in **Forschung und Entwicklung** sind für die Erhaltung der Konkurrenzfähigkeit daher unentbehrlich.

An zweiter Stelle der potentiellen Zukunftsstärken der Region rangiert das Thema **neue Technologien**. Der Aufholprozess im Hochtechnologiesektor durch hohe Forschungs- und Entwicklungsanstrengungen gilt als eine der größten Chancen, um sich mit wissensintensiven Branchen gegenüber der Konkurrenz aus anderen Teilen der Welt abzusetzen. Insbesondere die Nano-, Bio-, Werkstoff- und Humantechnologien sollen weiterentwickelt werden, um so neben den traditionell erfolgreichen Branchen neue Stärkefelder zu etablieren.

Große Chancen werden auch der **nachhaltigen Entwicklung** zugerechnet, da die Region im Bereich erneuerbarer Energien bereits in der Vergangenheit Wettbewerbsvorteile aufbauen konnte. Im Vordergrund sollten in Zukunft Bemühungen zur Erhaltung von Ressourcen wie etwa der Luftgüte stehen. Nach Meinung der Befragten sollten zugleich Möglichkeiten wahrgenommen werden, um die Region durch eine weitere Intensivierung des biologischen Anbaus als gentechnikfreie Lebensmittelzone im Herzen Europas zu positionieren. Ein hoher Grad an Nachhaltigkeit würde darüber hinaus auch die **Lebensqualität** in der Region, welche als Schlüssel für die Ansiedelung hoch qualifizierter Arbeitskräfte gewertet wird, positiv beeinflussen. Eine hohe Umweltqualität ist zudem Voraussetzung für die Möglichkeit, sich auf **Qualitätstourismus** spezialisieren zu können. Gerade der hochwertige Tourismus im gehobenen Preissegment und ein stärkeres Engagement im Tagungstourismus wurden in der Assoziativbefragung als sehr große Chancen bewertet, um sich von Mitbewerbern abzuheben und langfristig Arbeitsplätze in der Region zu sichern. Weitere Zukunftsmöglichkeiten werden einerseits in der Intensivierung **regionaler Cluster** und der dadurch erhofften besseren Vernetzung von Unternehmen innerhalb der Region gesehen und andererseits im Aufbau strategischer Partnerschaften im Rahmen von **internationalen Kooperationen**. Durch die Zusammenarbeit (speziell mit südosteuropäischen Ländern) soll sowohl die Wettbewerbsfähigkeit gesteigert als auch das Wirtschaftswachstum angekurbelt werden. Ohne geeignete Infrastrukturausgaben zur Verbesserung der **Mobilität** wird dies jedoch kaum möglich sein, weshalb auch dem Ausbau des Verkehrs eine zentrale Rolle für die zukünftige Prosperität der Region zukommen wird.

2.2 AUSWERTUNG NACH TEILGRUPPEN

2.2.1 Ergebnisse für den Teilbereich Politik und Verwaltung

Tabelle 12: Die größten Chancen für die Zukunft – Gruppe Politik und Verwaltung

Themen	Anteil der Nennungen in Prozent	Anteil der Personen in Prozent
Humankapital	15,45	54,84
Nachhaltiges Wirtschaften	14,55	51,61
Internationale Kooperationen	13,64	35,48
Qualitätstourismus	10	32,26

Quelle:Eigene Berechnungen, eigene Darstellung JR-InTeReg.

Das Thema **Humankapital** nimmt eine Sonderstellung bei der Beurteilung der zukünftigen Chancen ein. Die Antworten von 54,8 % aller Beteiligten und damit ein Anteil von 15,5 % der gesamten Nennungen entfielen bei der Untergruppe Politik und Verwaltung auf diesen Bereich.

2.2.2   Ergebnisse für den Teilbereich Zivilgesellschaft

Als die drei wichtigsten Chancen für die Steiermark im Bereich Zivilgesellschaft kristallisierten sich die Bereiche **Humankapital**, **internationale Kooperationen** und **nachhaltiges Wirtschaften** heraus. Im Unterschied zu den anderen Teilgruppen wurde dem Bereich **Lebensqualität** mehr Bedeutung beigemessen – ein Viertel der Befragten aus dem Bereich Zivilgesellschaft sahen in der Lebensqualität eine der drei größten Entwicklungspotentiale der Region, während dies bei der Gesamtheit der befragten Personen nur auf 13 % zutraf. Die Möglichkeit, das **Kulturzentrum Graz** zu stärken, wurde vor allem von Personen aus dem Kunst- und Kulturbereich, welche dem Bereich Zivilgesellschaft zugeordnet waren, thematisiert, während diese Aussicht für den größten Teil der anderen Befragten kaum von Interesse war.

Tabelle 13: Die größten Chancen für die Zukunft – Bereich Zivilgesellschaft

Themen	Anteil der Nennungen in Prozent	Anteil der Personen in Prozent
Humankapital	20,59	53,85
Internationale Kooperationen	11,76	30,77
Nachhaltiges Wirtschaften	11,76	30,77
Kulturzentrum Graz	8,82	23,08
Lebensqualität	8,82	23,08

Quelle: Eigene Berechnungen, eigene Darstellung JR-InTeReg.

Nicht als Chance wahrgenommen wurden von Vertretern der Zivilgesellschaft offenbar die sich durch **neue Technologien** eröffnenden Möglichkeiten; für dieses Thema wurden im Durchschnitt um 80 % weniger Stimmen abgegeben als von den anderen Teilgruppen. Ähnliches gilt – auch wenn in geringerem Ausmaß – für den Bereich **Forschung und Entwicklung**.

2.2.3   Ergebnisse für den Teilbereich Forschung

Humankapital – welches bekanntlich die Grundlage für Forschung darstellt – wurde von 66 % der Befragten aus dem Bereich Forschung als eine der größten Chancen für die steirische Zukunft angegeben. Damit wird nochmals die zentrale Rolle der Ausbildung für Forschung und Entwicklung unterstrichen, was ja auch als zentrale Chance vom Bereich Wirtschaft formuliert wurde. Die weiteren Möglichkeiten werden im Bereich **neuer Technologien**, bei der Ausweitung **internationaler Kooperationen** (welche auch in der Forschung immer mehr an Bedeutung gewinnen sollten) sowie durch die Forcierung des **nachhaltigen Wirtschaftens** gesehen.

Tabelle 14: Die größten Chancen für die Zukunft – Teilbereich Forschung

Themen	Anteil der Nennungen in Prozent	Anteil der Personen in Prozent
Humankapital	26,32	66,67
Neue Technologien	15,79	40
Internationale Kooperationen	10,53	26,67
Nachhaltiges Wirtschaften	10,53	26,67

Quelle: Eigene Berechnungen, eigene Darstellung JR-InTeReg.

2.2.4 Ergebnisse für den Teilbereich Wirtschaft

Die größte Möglichkeit für die Zukunft der Steiermark wird in der Nutzung **neuer Technologien** gesehen – jeder zweite Befragte aus dem Bereich Wirtschaft führte dieses Thema als eine der drei größten Zukunftschancen an. Das Themenfeld „**Forschung und Entwicklung**" rangiert an zweiter Stelle. Damit wird insgesamt deutlich, dass sich Personen mit wirtschaftlichem Hintergrund durch eine stärkere Positionierung im Hochtechnologiesektor beziehungsweise in forschungs- und wissensintensiven Branchen eine Profilierung der Region im internationalen Standortwettbewerb erhoffen. Großes Potential für die Abgrenzung von weltweiter Konkurrenz wird ebenfalls dem Humankapital (welches schließlich die Grundlage für Forschung und Entwicklung sowie für die Ausdehnung neuer Technologien bildet) beigemessen – wenn auch dessen Bedeutung weitaus geringer eingeschätzt wird als von anderen Befragten. An vierter Stelle steht ein anderes mögliches und erwünschtes Schwerpunktfeld der künftigen steirischen Wirtschaft – das **nachhaltige Wirtschaften**. Ferner wurde den Bereichen **Lebensqualität** und **Regionalisierung** eine überproportional hohe Bedeutung eingeräumt.

Tabelle 15: Die größten Chancen für die Zukunft – Teilbereich Wirtschaft

Themen	Anteil der Nennungen in Prozent	Anteil der Personen in Prozent
Neue Technologien	18,39	50
Forschung und Entwicklung	17,24	46,88
Humankapital	12,64	34,38
Nachhaltiges Wirtschaften	11,49	34,38

Quelle: Eigene Berechnungen, eigene Darstellung JR-InTeReg.

Insgesamt kann festgestellt werden, dass die Meinungen darüber, welche Möglichkeiten die Region in der Zukunft nutzen sollte, vorrangig im Bildungs- und Forschungsbereich angesiedelt sind. Insbesondere wurden zentrale Chancen für die Erhaltung der Wettbewerbsfähigkeit der Region darin gesehen, den Transformationsprozess zu einem wissensbasierten und hoch technologisch ausgerichteten Wirtschaftsraum erfolgreich zu bewältigen. Die Einschätzungen der Teilgruppe Zivilgesellschaft wichen stark von jenen der anderen Befragten ab.

DER GRÖSSTE HANDLUNGSBEDARF 2030

Allgemeine Auswertung

Themen	Anteil der Nennungen in Prozent
Humankapital	14,47
Standortsicherung	11,32
Infrastruktur	10,06
Technologie- und Innovationsförderung	9,12
F&E Förderung	6,92
Nachhaltiges Wirtschaften	6,29
Lebensqualität	5,03
Regionalisierung	4,72
Internationalisierung	4,4
Sozialpolitik	3,14

Teilbereich Politik und Verwaltung

Themen	Anteil der Nennungen in Prozent
Humankapital	11,3
F&E Förderung	9,56
Regionalisierung	7,83
Standortsicherung	7,83
Technologie- und Innovationsförderung	6,7
Nachhaltiges Wirtschaften	5,22

Bereich Zivilgesellschaft

Themen	Anteil der Nennungen in Prozent
Humankapital	16,67
Infrastruktur	10
Arbeitsmarkt	6,67
Kulturförderung	6,67
Nachhaltiges Wirtschaften	6,67
Standortsicherung	6,67

Teilbereich Forschung

Themen	Anteil der Nennungen in Prozent
Humankapital	15,09
Nachhaltiges Wirtschaften	15,09
Technologie- und Innovationsförderung	15,09
F&E-Förderung	7,55
Immigrationspolitik	7,55
Infrastruktur	7,55
Standortsicherung	7,55

Teilbereich Wirtschaft

Themen	Anteil der Nennungen in Prozent
Standortsicherung	17,5
Humankapital	16,67
Infrastruktur	14,17
Technologie- und Innovationsförderung	10,83
Lebensqualität	9,17
Internationalisierung	7,5

3 Handlungsbedarf für die regionale Wirtschaftspolitik

Die letzte Frage bezog sich auf jene Bereiche, in denen nach Ansicht der Befragten der dringlichste Handlungsbedarf in der Zukunft besteht, um die Wettbewerbsfähigkeit der Region aufrecht zu erhalten. Die 91 Befragten gaben insgesamt 318 Antworten, im Schnitt also 3,5. Diese wurden einem von 37 Themenblöcken zugeordnet. Die Personen aus dem Bereich Wirtschaft gaben im Schnitt am meisten Antworten (3,8), während die Personen aus dem Bereich Zivilgesellschaft tendenziell die wenigsten Nennungen (2,3) verzeichneten. Die zehn meistgenannten Themen spiegeln 75,5 % aller Antworten wider.

3.1 ALLGEMEINE AUSWERTUNG

Den größten Handlungsbedarf orteten die Befragten im Bereich der Bildung. Dies unterstreicht nochmals die überragende Bedeutung des **Humankapitals** für die weitere Wettbewerbsfähigkeit der Region. Mehr als die Hälfte der Befragten forderte daher eingehend Verbesserungen in der Ausbildung ein.

Tabelle 16: Der größte Handlungsbedarf in der Region bis 2030

Themen	Anteil der Nennungen in Prozent	Anteil der Personen in Prozent
Humankapital	14,47	50,55
Standortsicherung	11,32	39,56
Infrastruktur	10,06	35,16
Technologie- und Innovationsförderung	9,12	31,87
F&E-Förderung	6,92	24,18
Nachhaltiges Wirtschaften	6,29	21,98
Lebensqualität	5,03	17,58
Regionalisierung	4,72	16,48
Internationalisierung	4,4	15,38
Sozialpolitik	3,14	10,99

Quelle: Eigene Berechnungen, eigene Darstellung JR-InTeReg.

40 % der Befragten vertraten die Ansicht, dass die Wirtschaftspolitik auf dem Gebiet der **Standortsicherung** dringlichst aktiv werden muss. Insbesondere sollen Betriebsansiedelungen und Neugründungen von Unternehmen sowie die Förderung der Klein- und Mittelunternehmen als auch der Leitbetriebe der Steiermark forciert werden. Zur Standortsicherung im weiteren Sinn zählt der Faktor **Infrastruktur**, bei dem von mehr als einem Drittel der befragten Personen große Notwendigkeit für weitere Investitionen georted wurde.

Für die Bewältigung der Transformation zu einer Wirtschaft, in der sich die Wertschöpfung zunehmend aus technologisch sehr hochwertigen Produkten und stark wissensbasierten Dienstleistungen zusammensetzt, ist eine hervorragende Technologie- und Innovationsförderung unerlässlich. Insbesondere Innovationen im Hochtechnologiebereich, welcher für die langfristige Prosperität der Region von höchster Bedeutung sein wird, bedürfen nach Meinung der Befragten der öffentlichen Förderung; die Ingenieurstärke der Region soll auch weiterhin genutzt werden.

Von einem Viertel der befragten Personen wurde eine aktive Wirtschaftspolitik im Bereich Forschung und Entwicklung als zentrales Erfordernis erachtet, um die hohe Standortqualität nachhaltig abzusichern und um Brain Drain der Hochqualifizierten und Schlüsselkräfte aus der Region zu vermeiden. Nachhaltiges Wirtschaften – genauer gesagt, die verantwortungsvolle Nutzung der vorhandenen Ressourcen, die Reduktion von Umweltbelastungen, die Erhöhung des Anteils erneuerbarer Energien – muss dringend gefördert und der Umwelttechnologiesektor forciert werden.

Aufgrund der weiter voranschreitenden Globalisierung und des damit verbundenen internationalen Standortwettbewerbs wird es immer mehr erforderlich sein, Unternehmen ebenso wie Einzelpersonen auf ein höheres Maß an Internationalität vorzubereiten.

Die regionale Entwicklung und in besonderem Maße die Stärkung strukturell schwacher Regionen sollten einen höheren Stellenwert in der Wirtschaftspolitik erhalten. Um die Wirtschaftskraft in der Region zu halten, sind Unternehmen dazu angehalten, einheimische Produkte besser zu vermarkten und die heimischen Konsumenten stärker für heimische Produkte zu begeistern. Wirtschaftspolitischer Handlungsbedarf wird künftig ebenso im Bereich der Sozialpolitik bestehen. Aufgrund des fortschreitenden demographischen Wandels gilt es, die Verteilungsproblematik zwischen den Generationen zu lösen und Wege zu finden, um den Sozialstaat auch weiterhin finanzieren zu können.

3.2 AUSWERTUNG NACH TEILGRUPPEN

3.2.1 Auswertung für den Teilbereich Politik und Verwaltung

Die Einschätzungen der Grundgesamtheit spiegeln grosso modo auch jene der Personen aus Politik und Verwaltung gut wider. Gegen diesen Trend verlaufen lediglich die höhere Bewertung der Notwendigkeit von F&E-Förderungen und die weitaus niedrigere Bewertung des Themenbereichs Technologie- und Innovationsförderung. Rechnet man diese beiden Bereiche jedoch zusammen, so liegt der Anteil der Antworten – verglichen mit dem Anteil der Grundgesamtheit – wieder im Durchschnitt. Im Bereich nachhaltiges Wirtschaften wird auch deutlich größerer Handlungsbedarf gesehen als im Durchschnitt.

Tabelle 17: Der künftige Handlungsbedarf – Teilbereich Politik und Verwaltung

Themen	Anteil der Personen in Prozent	Anteil der Personen in Prozent
Humankapital	11,3	36,47
F&E-Förderung	9,56	30,86
Regionalisierung	7,83	25,25
Standortsicherung	7,83	25,25
Technologie- und Innovationsförderung	6,7	22,44
Nachhaltiges Wirtschaften	5,22	16,83

Quelle: Eigene Berechnungen, eigene Darstellung JR-InTeReg.

3.2.2 Auswertung für den Teilbereich Zivilgesellschaft

Die Einschätzungen der Befragten aus dem Bereich Zivilgesellschaft wichen stark von der Grundgesamtheit ab. Zwar wurde auch von dieser Untergruppe der dringendste Handlungsbedarf dem Bereich **Humankapital** zugeschrieben, jedoch spielten die Themenbereiche **Standortsicherung, Forschung und Entwicklung** oder **Technologie- und Innovationsförderung** im besten Fall eine untergeordnete Rolle bei der Beurteilung zukünftiger Handlungsfelder. Hingegen wird eine deutlich stärkere Ausrichtung der Wirtschaftspolitik in den Bereichen **Kulturförderung** und **Arbeitsmarkt** (insbesondere die Verbesserung der Integration älterer ArbeitnehmerInnen am Arbeitsmarkt sowie der Absicherung atypischer Beschäftigungsverhältnisse) gefordert.

Tabelle 18: Der künftige Handlungsbedarf – Teilbereich Zivilgesellschaft

Themen	Anteil der Nennungen in Prozent	Anteil der Personen in Prozent
Humankapital	16,67	38,46
Infrastruktur	10	23,08
Arbeitsmarkt	6,67	15,38
Kulturförderung	6,67	15,38
Nachhaltiges Wirtschaften	6,67	15,38
Standortsicherung	6,67	15,38

Quelle: Eigene Berechnungen, eigene Darstellung JR-InTeReg.

3.2.3 Auswertung für den Teilbereich Wirtschaft

Standortsicherung, Humankapital und **Infrastruktur** sind jene Themen, bei denen laut Vertretern der Wirtschaft unbestritten der dringlichste Handlungsbedarf besteht. Die Themen, die auch von der Grundgesamtheit als prioritäre Zukunftsinvestitionen eingestuft wurden, wurden von mehr als der Hälfte der Befragten als Bereiche mit dringendem Handlungsbedarf genannt – im Bereich Standortsicherung waren es beinahe zwei Drittel der Personen mit wirtschaftlichem Hintergrund. Dies spiegelt wohl die Tatsache wider, dass die Wirtschaft davon ausgeht, dass der internationale Wettbewerb in den nächsten Jahrzehnten noch weiter an Härte zunehmen wird und daher nachhaltige Strategien zur Standortsicherung unumgänglich für die Beibehaltung des Wohlstandes der Region sind.

Tabelle 19: Der künftige Handlungsbedarf – Teilbereich Wirtschaft

Themen	Anteil der Nennungen in Prozent	Anteil der Personen in Prozent
Standortsicherung	17,5	65,63
Humankapital	16,67	62,5
Infrastruktur	14,17	53,13
Technologie- und Innovationsförderung	10,83	40,63
Lebensqualität	9,17	34,38
Internationalisierung	7,5	28,13

Quelle: Eigene Berechnungen, eigene Darstellung JR-InTeReg.

Die Ausgaben für **Forschung und Entwicklung** wurden – im Gegensatz zur **Technologie- und Innovationsförderung** – nicht als eines der vorrangigen Ziele der künftigen Wirtschaftspolitik identifiziert. Damit wird beim gesamten Themenkomplex „Innovation" unterdurchschnittlich wenig Handlungsbedarf identifiziert. Ebenso spielt die **Nachhaltigkeit** eine geringere Rolle als bei den anderen Befragten.

3.2.4   Auswertung für den Teilbereich Forschung

Nach Angabe der Hälfte der Befragten aus dem Bereich Forschung stellen Forschungs- und Entwicklungsausgaben die wichtigste Investition in die Zukunft im Bereich **Humankapital** dar. Auffallend ist, dass beim **nachhaltigen Wirtschaften** mehr als doppelt so oft Handlungsbedarf gesehen wurde als vom Durchschnitt der restlichen Befragten. Auch die Notwendigkeit für eine Intensivierung der **Technologie- und Innovationsförderung** wurde deutlich höher eingestuft als von der Grundgesamtheit. Ebenso sollte die Wirtschaftspolitik stärker als bisher bei **Sozialpolitik** und **Immigration** handeln. Wesentlich weniger Handlungsbedarf besteht laut den Befragten in den Bereichen **Infrastruktur** und **Standortsicherung** (je um ein Drittel weniger Stimmen als im Gesamtdurchschnitt). Die mit den Themen **Internationalisierung** und **Regionalisierung** verbundenen Probleme werden im Vergleich zu den anderen Befragten weitaus weniger stark wahrgenommen, weshalb der Handlungsbedarf als sehr gering eingestuft wird.

Tabelle 20:   Der künftige Handlungsbedarf – Teilbereich Forschung

Themen	Anteil der Nennungen in Prozent	Anteil der Personen in Prozent
Humankapital	15,09	53,33
Nachhaltiges Wirtschaften	15,09	53,33
Technologie- und Innovationsförderung	15,09	53,33
F&E-Förderung	7,55	26,67
Immigrationspolitik	7,55	26,67
Infrastruktur	7,55	26,67
Standortsicherung	7,55	26,67

Quelle: Eigene Berechnungen, eigene Darstellung JR-InTeReg.

Zusammenfassend kann festgehalten werden, dass nach Meinung der Befragten der größte Handlungsbedarf in Bezug auf die Absicherung der regionalen Wettbewerbsfähigkeit besteht. Dazu wird es notwendig sein, in Zukunft eine noch größere Anzahl hoch qualifizierter Personen in der Region zu halten sowie die Ausgaben für Forschung und Entwicklung (im Hochtechnologiesektor) zu erhöhen. Ebenso besteht Handlungsbedarf im Bereich der Innovationsförderung, will die Region die Transformation zur Wissensgesellschaft erfolgreich bewältigen. Auf dem Gebiet der Nachhaltigkeit sind im Bereich der Klimaforschung und der damit verbundenen Erkenntnisse über die Auswirkungen menschlichen Handelns auf die Umwelt große Fortschritte nötig – auch um die Lebensqualität der Region weiterhin aufrecht zu erhalten. Die Überalterung der Gesellschaft wurde nicht zu den dringlichen Feldern der Wirtschaftspolitik gezählt – lediglich drei der 91 Befragten maßen den Problemen der Veränderung der regionalen Altersstruktur großen Handlungsbedarf bei.

4 Ergebnisse der Workshops

Anlässlich des ersten Workshops, der am 16. Dezember 2005 stattfand, wurden die ersten Zwischenergebnisse der Arbeitspapiere innerhalb einer größeren Runde diskutiert und reflektiert. 2006 wurde eine Workshopserie in Zusammenarbeit mit der „Denkfabrik Umweltsystemwissenschaften" durchgeführt. Zwischen 15. Mai und dem 5. Juli 2006 wurden von den TeilnehmerInnen Szenarien zum Thema „Nachhaltige Technologien für die Steiermark 2030" erstellt, welche auf den Zwischenergebnissen der für den grenzüberschreitenden Großraum Graz-Maribor erstellten Szenarien aufbauten und als europäisches Rahmenszenario „Nachhaltigkeitsstandort Europa" hatten:

- Der Verdichtungsraum Graz-Maribor entwickelt sich in diesem Szenario zum Weltmarktführer im Bereich Nachhaltigkeitstechnologien bis 2030. Bei der Entwicklung der Szenarien wurde unterstellt, dass die Entwicklung der Bereiche Demographie, Politik, Sicherheit und Wirtschaft in den nächsten 25 Jahren dem heutigen Trend entspricht.

- Die Region wurde einer Stärken-Schwächen-Analyse in Bezug auf nachhaltige Entwicklung sowie das Vorhandensein und die Förderung nachhaltiger Technologien unterzogen. Auf Grundlage der Ergebnisse wurden eine Liste von Einflussfaktoren erstellt und in weiterer Folge die Wechselwirkungen zwischen den Einflussfaktoren sowie die aus der Vernetzung entstehenden Rückkoppelungskreisläufe identifiziert. Aus diesem Wirkmodell wurde sodann die künftige Dynamik abgeleitet und das Zukunftsszenario formuliert. Charakteristisch für die Zukunft der Großregion Graz wird nach Meinung der Workshop-TeilnehmerInnen weiterhin die Ingenieurstärke sein, welche jedoch in Zukunft vorwiegend in Branchen eingesetzt wird, welche eine Verbesserung der Ressourceneffizienz und die Verringerung des Ressourcenverbrauchs ermöglicht. Besonders hohe Wachstumsraten werden dabei die Branchen Energie-, Antriebs-, Material- und Werkstofftechnologie sowie die Entsorgungstechnik verzeichnen können. Das Rückgrat der steirischen Wirtschaft werden die Klein- und Mittelbetriebe darstellen, welche ihre F&E-Aktivitäten signifikant ausbauen.

- Das Konsumverhalten hat sich aufgrund der Auswirkungen des Klimawandels sowie der durch die Politik gesetzten steuerlichen Regulierungen im Vergleich zu 2006 drastisch verändert. Die Nachfrage nach nachhaltigen Produkten und Technologien verzeichnet hohe Zuwachsraten, wodurch die Unternehmen weitere Anreize sehen, in diesen Bereichen aktiv zu werden. Der Ressourcenverbrauch pro Wertschöpfungseinheit konnte signifikant gesenkt werden. Forschungsaktivitäten konzentrieren sich in der Region vorrangig auf die Erforschung der Möglichkeiten nachhaltigen Wirtschaftens. Die Region kann sich international als eine auf Nachhaltigkeit ausgerichtete Region positionieren. Die Zusammenarbeit zwischen Unternehmen und Forschungseinrichtungen wird weiter ausgebaut, um Forschungsergebnisse rascher zur Marktreife zu bringen. Diese Kooperation ermöglicht langfristige Erfolge für die Unternehmen und damit langfristige Prosperität für die Region.

Der am 20. Juni 2006 in Graz durchgeführte Szenario-Workshop diente vordergründig dazu, mit AkteurInnen und InteressensvertreterInnen der steirischen Wirtschaft, Forschung und Kultur die Implikationen der europäischen Rahmenszenarien für die steirische Wirtschaft zu diskutieren und Handlungsfelder für die steirische Politik zu entwickeln. Zunächst wurden den beteiligten Personen die Ergebnisse der Assoziativbefragung dargelegt und drei europäische Rahmenszenarien, welche die weitere Entwicklung der Steiermark maßgeblich prägen könnten, vorgestellt. Im Anschluss daran wurden die TeilnehmerInnen des Workshops gebeten, in einer der folgenden drei Untergruppen Szenarien für die Steiermark im Jahr 2030 auszuarbeiten:

- *Wissensintensiver Produktionsstandort*: Forschung/Technologie/Innovation

- *High End Destination for Services*: Bildung/Kultur/Gesundheit

- *Région Créateur d'Alternatives*: Energie/Ressourcen/Effizienz

Ferner sollten die Kleingruppen die für das Eintreten des jeweiligen Szenarios notwendigen Rahmenbedingungen spezifizieren und abwägen, welche Veränderungen die einzelnen Szenarien für die in der Region lebenden Personen bewirken könnten, welche Humanressourcen zu den Gewinnern der künftigen Entwicklung zählen werden und wessen Qualifikationsprofile aufgrund des technologischen Wandels entwertet werden.

Die wichtigsten Einschätzungen der Beteiligten an den drei parallel geführten Workshops sind in der folgenden Tabelle wiedergegeben:

Tabelle 21: *Die zentralen Ergebnisse des Zukunfts-Workshops 2006*

	Szenario 1	Szenario 2	Szenario 3
Europäisches Rahmenszenario	Triumph der globalen Märkte. Amerikanisches Wirtschafts- und Sozialmodell hat sich als Vorbild für Europa durchgesetzt, Wissens- und Technologieorientierung sichern Vorsprung gegenüber Asien	Kulturerbe Europa. Als Dienstleistungs-, Tourismus- und Kulturstandort erhalten sich europäische Wohlstandsinseln trotz massiver Produktionsverlagerungen nach Asien	Zeitalter der Nachhaltigkeit. Global forcierte Nutzung erneuerbarer Energie und biologischer Rohstoffe in der Produktion festigt Technologie-führerschaft Europas bzw. begründet sie neu
Leitidee in drei Sätzen	Image der Region als internationaler F&E-Standort gefestigt. Innovationsfähigkeit der Region als deren einzig mögliche Überlebensstrategie. Wertschöpfung in der industriellen Produktion (vor allem in Nischen) ausgeweitet sowie Spezialisierung im High-Tech-Bereich geschaffen	Intra- und interregionale Infrastruktur sowie Kommunikation werden stark ausgebaut. Spezialisierung auf Stärkefelder, die von Regionen mit Fokus auf Bio- und Nanotechnologie nicht abgedeckt werden. Kultur- und Ausbildungsstandort Graz als überregionaler Benchmark etabliert	Streben nach Vermehrung klassischer Wohlstandsindikatoren (Bsp: BIP pro Kopf) sowie die Technologiefixierung aus dem Jahr 2006 gelten als überholt. Entwicklung eines neuen Wohlstandskonzepts, das weiche Wohlstandsfaktoren berücksichtigt und ein nachhaltiges Steuerkonzept durchsetzt. Durch steigende Überalterung verlangsamen sich Innovationszyklen und der technologische Wandel fällt moderat aus
Welche harten Investitionsmaßnahmen wurden getroffen?	Infrastruktur: bessere Erreichbarkeit mit öffentlichen Verkehrsmitteln und Stärkung des Güter- und Personenverkehrs Bildungs-offensive gestartet, um neue Qualifikations-erfordernisse zu erfüllen. Eine der Initiativen lautet: „Die Technik ist weiblich"	Verkehr, Kommunikationstechnologien, Ausbau interregionaler Ausbildungsnetzwerke	Öffentlicher Verkehr, Mobilität (Fahrräder), nachhaltige Raumplanung
Welche Humanressourcen wurden bewusst gefördert?	in den Bereichen Bio- und Nanotechnologie sowie alternative Energie, ForscherInnen werden stärker in internationale Programme eingebunden	ForscherInnen zur Festigung des Ausbildungsstandortes; Personen, welche Kommunikation transportieren und bessere Vernetzung mit anderen Regionen herstellen können	Jene, die den kulturellen Wertewandel mittragen und gestalten können
Welcher kulturelle Wandel hat die Entwicklungen ermöglicht?	Mentale Öffnung, Innovationsbewusstsein (Abbau der Innovationsspitze), internationale Offenheit. Grundsätzlich bleiben Wertesystem und hohe Lebensqualität der Steiermark erhalten	Öffnung, internationaler Kooperationsgedanke; bessere Zusammenarbeit zwischen Wirtschaft und Politik	Wertewandel der Bürger: „Mein Wohlstand ist, dass ich kein Auto benötige" hat sich durchgesetzt
Wessen Qualifikationen müssen neu bewertet werden?	Von jenen, die gering qualifiziert sind, sowie von Beschäftigten in schrumpfenden Sektoren	Neubewertung all jener Qualifikationen, deren Inhaber nicht flexibel und offen genug sind, um an internationalen Kooperationen teilzunehmen	Von jenen Personen, die in ineffizienten Wirtschaftsbereichen tätig sind. Verlierer sind auch all jene, die den Wertewandel hin zur nachhaltigen Gesellschaft nicht mittragen können oder wollen
Worauf hat die Region verzichtet?	Umsetzung eines großen Strukturwandels (nach wie vor ist die Steiermark Industrieland)	Versuch, bei internationalen Wachstumsbranchen (Nano-, Biotechnologie) Fuß zu fassen	Mobilität könnte nur eingeschränkt möglich sein

5 ANHANG

Teilnehmerliste Workshopserie 2005

Aumayr Christine, Berger Martin, Breitfuss Marija, Dinges Michael, Hartmann Christian, Kremshofer Angela, Kurzmann Raimund, Leitner Sandra, Nones Brigitte, Ploder Michael, Polt Wolfgang, Prettenthaler Franz, Reidl Sybille, Schaffer Nicole, Schibany Andreas, Steiner Michael, Steyer Franziska, Streicher Gerhard, Vetters Nadja, Woitech Birgit (alle JOANNEUM RESEARCH).

Teilnehmerliste Workshopserie 2006

Arnold Burtscher, Edgar Chum (Universität Graz), Christian Lapp, Joachim Ninaus, Corinne Von der Hellen (alle Universität Graz), Michael Fend (NATAN), Bernhard Gissing (Know Center Graz), Carina Nistelberger (Energie Steiermark AG), Bernhard Weber (Gründungsberatung), Christoph Schafferhofer (Kartographie), Edith Preisch (Saubermacher), Franz Prettenthaler (JOANNEUM RESEARCH).

Teilnehmerliste des Workshops am 20. Juni 2006:

Szenario 1: Christine Aumayr (JOANNEUM RESEARCH), Anna Demmerer (FH Kapfenberg), Martin Fellendorf (TU Graz), Barbara Fuchsberger (Euregio), Gerhard Geisswinkler (Siemens Graz), Markus Gruber (Convelop), Gunther Hasewend (Landesbaudirektion Stmk.), Elisabeth Hirschbichler (iv Steiermark), Joachim Ninaus (Universität Graz), Andrea Putz (Land Steiermark), Friedrich Quissek (Magna Steyr), Karl Snieder (AK Steiermark), Peter Tritscher (FH Kapfenberg), Martin Tschandl (FH Kapfenberg), Ewald Verhounig (WK Steiermark).

Szenario 2: Gerhard Apfelthaler (FH JOANNEUM), Max Aufischer (Stadt Graz), Harald Baloch (Diözese Graz-Seckau), Christian Hartmann (JOANNEUM RESEARCH), Mariella Huber (JOANNEUM RESEARCH), Richard Kriesche (Künstler), Peter Pakesch (Landesmuseum JOANNEUM), Hildegard Ressler (Land Steiermark – FA 12B), Thomas Schmalzer (FH JOANNEUM).

Szenario 3: Christoph Adametz (TU Graz), Günter Getzinger (IFZ), Nicole Höhenberger (JOANNEUM RESEARCH), Stefan Kaltenegger (Katholische Aktion Steiermark), Eric Kirschner (JOANNEUM RESEARCH), Franz Prettenthaler (JOANNEUM RESEARCH), Stefan Schneider (Grüne Jugend Steiermark), Hans Schnitzer (JOANNEUM RESEARCH).

Die Veranstaltung früher verlassen haben: Heinz Krenn (Universität Graz), Lasse Kraack (Regionalentwicklungsverein Süd-West-Steiermark).

Teil C3

DIE SZENARIEN – DIE ERGEBNISSE IM DETAIL

DREI ZUKUNFTSSZENARIEN FÜR DEN GRENZÜBERGREIFENDEN VERDICHTUNGSRAUM GRAZ-MARIBOR (LEBMUR)

Eric Kirschner

Institut für Technologie- und Regionalpolitik

Elisabethstraße 20, 8010 Graz, Austria

e-mail: eric.kirschner@joanneum.at,

Tel: +43-316-876/1448

Franz Prettenthaler

Institut für Technologie- und Regionalpolitik

Elisabethstraße 20, 8010 Graz

e-mail: franz.prettenthaler@joanneum.at,

Tel: +43-316-876/1455

Clemens Habsburg-Lothringen

Institut für Technologie- und Regionalpolitik

Elisabethstraße 20, 8010 Graz

e-mail: clemens.habsburg-lothringen@joanneum.at

Tel: +43-316-876/1456

Abstract:

Im folgenden Kapitel wird der technisch-analytische Teil der Szenarioerstellung betrachtet. Aufbauend auf den Hauptergebnissen der vorangegangenen Arbeiten und einer Analyse des Status quo des Verdichtungsraums Graz-Maribor werden jene Einflussfaktoren ermittelt, deren Veränderung die zukünftige Entwicklung des Szenariofeldes maßgeblich beeinflusst. Dabei wurden 34 Faktoren ermittelt, welche durch eine Einflussanalyse auf 16 Schlüsselfaktoren (Deskriptoren) reduziert wurden. Die Trendprojektionen, d.h. die verschiedenen möglichen Ausprägungen der Deskriptoren, werden anschließend in die drei Bereiche Mensch, Umwelt und Wirtschaft zusammengefasst und zu Szenarien gebündelt. Aufgrund ihrer Eintrittswahrscheinlichkeit und ihres Konsistenzmaßes wurden drei unterschiedliche Szenarien ausgewählt. Die europäischen Rahmenbedingungen im Szenario *Wissensintensiver Produktionsstandort* werden dabei besonders durch die Deskriptoren aus dem Bereich Wirtschaft bestimmt. Im Szenario *High End Destination for Services* gibt eine fortschreitende Tertiärisierung der Wirtschaft die Rahmenbedingungen der gemeinsamen Entwicklung für den Verdichtungsraum Graz-Maribor vor. Zunehmende Abwanderung der Industriebetriebe und der daraus resultierende Bedeutungsverlust des produzierenden Bereichs sind hier die größten Herausforderungen. Im dritten und letzten Szenario, welches den Titel *Région Créateur d'Alternatives* trägt, kommt es zu sich gegenseitig stärkenden Wechselwirkungen im Bereich Umwelt. Wirtschaftlich kann sich die Region insbesondere im Umwelttechnologiebereich behaupten.

Keywords: Einflussfaktoren, Deskriptoren, Einflussanalyse, Cross-Impact-Analyse, Konsistenzanalyse, Szenarienergebnisse.

JEL Classification: J11, P27, R23, R58.

Inhaltsverzeichnis Teil C3

1   EINLEITUNG 94

2   SZENARIOVORBEREITUNG...96

3   AUSWAHL DER EINFLUSSFAKTOREN 98

  3.1   Eine kurze Begriffsdefinition 98
  3.2   Ansatz und Methode zur Bestimmung der Einflussfaktoren.....................................99
    3.2.1   Wahl des Ansatzes zur Bestimmung der Einflussfaktoren............................100
    3.2.2   Analyse bestehender Studien, von Planungsdokumenten sowie rechtlicher
              sowie politischer Vorgaben 101
    3.2.3   Auswertung vorhandener Prognosen...104
    3.2.4   Partizipative Verfahren...105
  3.3   Die 34 Einflussfaktoren 109
  3.4   Einflussanalyse 113
  3.5   Ergebnisse der Einflussanalyse 118

4   AUSWAHL DER SCHLÜSSELFAKTOREN (DESKRIPTOREN)...........................120

  4.1   Auswahl der Schlüsselfaktoren nach Aktiv- und Passivsumme 121
  4.2   Auswahl der Schlüsselfaktoren nach Impuls- und Dynamikindex 124
  4.3   Deskriptorenanalyse 128
    4.3.1   Anteil der Diplomingenieure an unselbständig Beschäftigten (B)...............128
    4.3.2   Anteil der Beschäftigten im Industriebereich (C)...129
    4.3.3   Anteil der Beschäftigten im Umwelttechnologiebereich (K).........................130
    4.3.4   Anteil der über 60-Jährigen an der Gesamtbevölkerung (J)..........................131
    4.3.5   Zuzug (Immigration) (L) 131
    4.3.6   Erreichbarkeit im internationalen Vergleich mit öffentlichen Verkehrsmitteln (N)......132
    4.3.7   Anteil erneuerbarer Energien an der Bruttoinlandsproduktion (O)................134
    4.3.8   Anzahl der Patente im Bereich erneuerbare Energien (R)..............................136
    4.3.9   Verknappung regionaler Umweltressourcen (Luftqualität) (T).....................137
    4.3.10   Endogene Nachfrage nach Nachhaltigkeitsprodukten und -technologien (V).............137
    4.3.11   Versorgungssicherheit bei Energie (M) 137
    4.3.12   Energiekosten in der Produktion (Erdölpreis) (P)..138
    4.3.13   Forschung&Entwicklung (W) 139
    4.3.14   Wirtschaftsleistung (HH)...139
    4.3.15   Technologiequote (Z) 140
    4.3.16   Dienstleistungsquote (AA) 140
  4.4   Europäische Rahmenszenarien als Deskriptor..141
  4.5   Die Korrelationsmatrix 142

Tabellen-, Bilder- und Abbildungsverzeichnis Teil C3

1 Einleitung

Wir wollen die einzelnen Elemente unseres Gegenstandes, dann die einzelnen Teile oder Glieder betrachten desselben und zuletzt das in seinem inneren Zusammenhange betrachten, also vom Einfachen zum Zusammengesetzten fortschreiten. Aber es ist hier mehr als sonst nötig, mit einem Blick auf das Wesen des Ganzen anzufangen, weil hier mehr als irgendwo mit dem Teile auch zugleich das Ganze gedacht werden muss.

(Carl von Clausewitz – vom Kriege)

In den drei Zukunftsszenarien für den grenzüberschreitenden Verdichtungsraum Graz-Maribor werden möglichst umfassende Bilder wahrscheinlicher und zukunftsfähiger Visionen für die Region aufgezeigt und dem Heute gegenübergestellt werden. Diese Zukunftsbilder werden anhand ausgewählter Schlüsselfaktoren, welche für die zukünftige Entwicklung der Region LebMur bestimmend sind, dargestellt. Ziel dieser Arbeit ist es, die treibenden zukunftsweisenden Einflussfaktoren – die Schlüsselfaktoren bzw. Deskriptoren – quantitativ zu bestimmen. Dazu werden zunächst mittels annahmengestützter und expertengestützter Ansätze 34 Einflussfaktoren bestimmt und den Themenblöcken Mensch, Umwelt und Wirtschaft zugeordnet. Anschließend werden diese Einflussfaktoren einer umfangreichen Einflussanalyse unterzogen, um die direkten Wechselwirkungen der Einflussfaktoren untereinander zu bestimmen. Die Darstellung dieser Analyse erfolgt mit Hilfe einer Einflussmatrix, welche mittels Aktiv- und Passivsummen die Stärke des Einflusses eines jeden Faktors auf das Gesamtsystem widerspiegelt. Anhand dieser Werte werden schlussendlich 16 Schlüsselfaktoren bestimmt, über deren Einfluss, deren Entwicklung und Wechselwirkungen sich das Gesamtsystem des Szenarioumfeldes für den grenzüberschreitenden Verdichtungsraum Graz-Maribor beschreiben lässt.

Die künftige Entwicklung dieser Deskriptoren wird über Projektionen dargestellt – eine bloße Angabe unterschiedlicher Entwicklungspunkte ist kaum ausreichend. Jede dieser Projektionen ist eine mögliche, in die Zukunft projizierte, hypothetische Sequenz von Ereignissen, die ein Deskriptor in der Zeit einnehmen kann. Diese Projektionen unterscheiden sich definitorisch klar von Prognosen.

Eine Prognose repräsentiert eine Vorhersage einer zukünftigen Entwicklung aufgrund einer kritischen Beurteilung des Gegenwärtigen, und ist somit eine „Aussage über zukünftige Ereignisse […] beruhend auf Beobachtungen der Vergangenheit und auf theoretisch fundierten, objektiven Verfahren. Die Grundlage jeder Prognose ist eine allgemeine Stabilitätshypothese, die besagt, dass gewisse Grundstrukturen in der Vergangenheit und Zukunft unverändert wirken." (Gabler 1997, 3701). Im Falle einer Projektion wird gerade von dieser allgemeinen Stabilitätshypothese abgegangen – aufgrund des langfristigen Analysezeitraums können und müssen (gravierende) strukturelle Veränderungen im Gesamtsystem des untersuchten Objekts in Betracht gezogen werden. Im gegenständlichen Projekt wurden durchaus langfristige Prognosen und auch eine mögliche Projektion verwendet, da Stabilität in bestimmten Bereichen ja auch langfristig gegeben ist.

Von besonderem Interesse für die Analyse von Zukunftsgestaltungsmöglichkeiten sind naturgemäß jene Szenarien, die ein Bündel der am besten miteinander kompatiblen Projektionen der einzelnen

Schlüsselfaktoren sind und die insgesamt eine hohe Eintrittswahrscheinlichkeit aufweisen. Die Projektionen der einzelnen Deskriptoren weisen wiederum unterschiedliche Eintrittswahrscheinlichkeiten auf, in weiterer Folge werden wahrscheinliche und konsistente Projektionskombinationen zu den einzelnen Deskriptoren erstellt. Diese Kombination jeweiliger Projektionen sämtlicher Deskriptoren ist die Basis der unterschiedlichen Zukunftsbilder der LebMur-Szenarienfamilie *Wissensintensiver Produktionsstandort, High End Destination for Services* und *Région Créateur d'Alternatives.*

Diese drei Zukunftsszenarien für den grenzüberschreitenden Verdichtungsraum Graz-Maribor stellen somit im eigentlichen Sinn keine Vorhersagen dar, sondern nur die Aufzeichnung der hypothetisch möglichen, episodischen Abfolge von Ereignissen besonders interessierender Systemaspekte – der Schlüsselfaktoren bzw. Deskriptoren (Gabler 1997, 3701).

2 Szenariovorbereitung

> **Szenario (I):** hypothetische Aufeinanderfolge von Ereignissen, die zur Beachtung kausaler Zusammenhänge konstruiert wird (Duden 2007).
>
> **Szenario (II):** Ein Szenario ist im eigentlichen Sinn keine Vorhersage, sondern nur die Aufzeichnung der möglichen episodischen Abfolge von Ereignissen eines besonders interessierenden Systemaspekts. Der Zweck von Szenarien liegt darin, die Aufmerksamkeit der Verwender auf kausale Prozesse und Entscheidungspunkte zu lenken. Dazu wird in ihrer Erstellung eine hypothetische Sequenz von Ereignissen konstruiert. Mögliche Ereignisse und Entwicklungen, die zu einem bestimmten relevanten Feld gehören, sich auf eine bestimmte Zeitperiode beziehen sowie auf irgendeine Art untereinander verbunden sind, bilden demnach ein Szenario (Gabler 1997, 3701).

Szenarien sind umfassende Bilder einer wahrscheinlichen und möglichen Zukunft eines Systems, dargestellt anhand ausgewählter Schlüsselfaktoren, die für dieses System bestimmend sind. Die künftige Entwicklung dieser Schlüsselfaktoren wird über sogenannte Projektionen dargestellt. Diese Projektionen weisen unterschiedliche Wahrscheinlichkeiten auf. Interessant für die Analyse von Zukunftsgestaltungsmöglichkeiten sind naturgemäß jene Szenarien, die ein Bündel der am besten miteinander kompatiblen Projektionen der einzelnen Schlüsselfaktoren sind und die insgesamt eine hohe Eintrittswahrscheinlichkeit aufweisen.

Prognose versus Projektion: Eine Prognose ist eine Vorhersage einer zukünftigen Entwicklung aufgrund kritischer Beurteilung des Gegenwärtigen. Eine Projektion unterscheidet sich somit definitorisch klar von einer Prognose. Denn letztere ist eine „Aussage über zukünftige Ereignisse […] beruhend auf Beobachtungen der Vergangenheit und auf theoretisch fundierten objektiven Verfahren. Grundlage jeder Prognose ist eine allgemeine Stabilitätshypothese, die besagt, dass gewisse Grundstrukturen in der Vergangenheit und Zukunft unverändert wirken." (Gabler 1997, 3701) Im Falle einer Projektion wird gerade von dieser allgemeinen Stabilitätshypothese abgegangen – aufgrund des langfristigen Analysezeitraums können und müssen (gravierende) strukturelle Veränderungen im Gesamtsystem des untersuchten Objekts in Betracht gezogen werden. Im gegenständlichen Projekt wurden durchaus langfristige Prognosen auch als eine mögliche Projektion verwendet, da Stabilität in bestimmten Bereichen ja auch langfristig gegeben sein kann.

"Alternative futures" can be used for generating additional scenarios, for setting forth and discussion criteria, for the systematic comparison of various alternative policies […] or for the analysis of "directions and destinations".

(Kahn, Wiener 1967)

Die systematische sowie formale Erstellung von Szenarien erfordert eine ausreichend detaillierte Szenariovorbereitung. Dabei ist in einem ersten Schritt die Eingrenzung der Problemstellung vorzunehmen – dies bedeutet im Einzelnen, dass (1) die Untersuchungsregion geografisch abgegrenzt, (2) der Analysehorizont festgesetzt, (3) die für die wirtschaftliche, soziale, kulturelle und politische Weiterentwicklung der Region zu untersuchenden Rahmenbedingungen determiniert sowie (4) die Ziele des Szenarioprozesses festgelegt werden.

Da bei der Festlegung des Gestaltungs- und des Szenariofeldes insbesondere darauf zu achten ist, weder bei der Eingrenzung der Untersuchungsregion noch bei der Auswahl der Einflussvariablen nach politischen (etwa nationalen) Grenzen vorzugehen, sollte im Projekt LebMur die künftige sozio-ökonomische Entwicklung des Verdichtungsraums Graz-Maribor bis 2030 unter Berücksichtigung der durch die Europäische Union sowie die nationale Politik vorgegebenen Rahmenbedingungen untersucht werden.

Auf Basis dieser Entscheidungen wurde eine Liste der für die Erstellung der Szenarien maßgeblichen Akteure festgelegt. Diesem Schritt wurde besondere Sorgfalt gewidmet, da hiermit einerseits die im weiteren Projektverlauf verwendeten Ansätze und Methoden determiniert werden und andererseits die Qualität der Resultate maßgeblich von der Kompetenz der einzelnen Akteure sowie deren Bereitschaft, sich im Szenarioprozess einzubringen, abhängt (Höhenberger, Prettenthaler 2007). Die Projektleitung entschied sich, die Meinung der regionalen Entscheidungsträger aus Politik, Forschung, Wirtschaft sowie der Zivilgesellschaft in Bezug auf jene die Zukunft der Region am stärksten prägenden Themen, Herausforderungen und Möglichkeiten mit Hilfe einer Assoziativbefragung mit einzubeziehen.

Die formale Szenarioentwicklung sollte jedoch ausschließlich von einem internen Expertenteam vorgenommen werden. Dieses sollte anhand der für die Region verfügbaren Daten eine Vergangenheitsanalyse der Region durchführen, um die bestehenden Wettbewerbsvor- und -nachteile im Vergleich zur überregionalen Konkurrenz darzustellen. Darauf aufbauend wurden die künftigen Herausforderungen und Chancen unter Berücksichtigung der international möglichen Entwicklungstendenzen abgeleitet. In der letzten Phase des Szenarioprozesses – der Abschätzung der Auswirkungen der einzelnen Szenarien für Mensch, Umwelt und Wirtschaft im Verdichtungsraum – wurden wiederum die Entscheidungsträger mit einbezogen.

3 Auswahl der Einflussfaktoren

Die wesentliche Herausforderung bei der Erarbeitung von möglichen langfristigen Entwicklungspfaden für die Untersuchungsregion – von Zukunftsprojektionen – liegt in der Bestimmung jener Faktoren, deren Entwicklung das gesamte Szenariofeld maßgeblich beeinflusst. Werden diese Größen verändert, beeinflusst dies über Wechselwirkungen und Vernetzungen die gesamte Umgebung, das System an sich – nicht nur den jeweiligen Faktor.

Neben der rezenten Situation im Untersuchungsgebiet – dem aktuellen Zustand – sind gerade Vernetzungen und Wechselwirkungen, Stärken und Schwächen von zentralem Interesse. Über ein Kennen von systematischen Wirkungsweisen und Wechselwirkungen treibender, sich gegenseitig beeinflussender Kräfte wird vom *Heute* auf eine Reihe von langfristigen Entwicklungspfaden – auf *mögliche Zukünfte* – geschlossen.

3.1   EINE KURZE BEGRIFFSDEFINITION

Da eine Quantifizierung von Einflussgrößen gerade bei langfristigen Betrachtungen – bei Zeithorizonten von 20 bis 30 Jahren – mit erheblichen Schwierigkeiten verbunden ist, werden sowohl qualitative als auch quantitative Einflussfaktoren analysiert. Zudem ermöglicht die Berücksichtigung von qualitativen Faktoren die Einbeziehung von Entscheidungsträgern in den Erarbeitungsprozess der verschiedenen Szenarien. Unterschieden wird im Folgenden in:

- **Einflussfaktoren** dienen der Beschreibung der Entwicklung in einem bestimmten Bereich, der das gesamte Szenarioumfeld beeinflusst. Aus der Liste der Einflussfaktoren werden die **Schlüsselfaktoren** (auch Deskriptoren) extrahiert.

- **Schlüsselfaktoren (Deskriptoren)** sind jene Einflussfaktoren, denen ein besonders starker Einfluss auf die (künftige) Entwicklung einer Region zugesprochen wird – diese können quantitativ erfassbar, aber auch qualitativer Natur sein. Deren direkte und indirekte Wechselwirkungen sind *die treibenden Kräfte* in der systematischen Analyse des Untersuchungsgebiets. Ihre Beeinflussung oder Nicht-Beeinflussung bestimmt die Projektion der Zukunft.

- **Indikatoren** dienen der Beschreibung der Entwicklung der Schlüsselfaktoren in den jeweiligen Projektionen zu einem bestimmten Szenario – in diesem Sinne werden potentielle künftige Veränderungen der Deskriptoren in den Projektionen mit Hilfe von Indikatoren visualisiert und quantitativ erfasst beziehungsweise erfassbar gemacht oder qualitativ beschrieben.

- **(Trend-)Projektionen** beschreiben die alternativen Ausprägungsmöglichkeiten eines Deskriptors. Das Eintreten einer bestimmten Projektion beziehungsweise die Wahrscheinlichkeit des Eintretens, hat wesentlichen Einfluss auf die Realisation der jeweiligen anderen Projektionen.

- In der **Szenarienbildung** werden Projektionsausprägungen zu den Deskriptoren zu einem oder mehreren Szenarien aggregiert. Ein Szenario ist demnach die Summe der (konsistenten) Projektionen der jeweiligen Deskriptoren.

Abbildung 5: Vom Status quo zu den Szenarien – ein tabellarischer Überblick

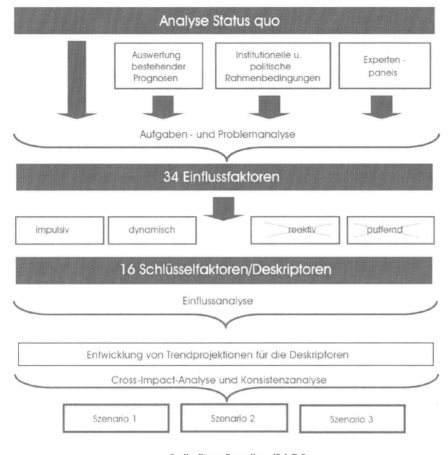

Quelle: Eigene Darstellung JR-InTeReg.

3.2 ANSATZ UND METHODE ZUR BESTIMMUNG DER EINFLUSSFAKTOREN

Die künftige Entwicklung im grenzübergreifenden Verdichtungsraum Graz-Maribor (LebMur) kann nicht losgelöst von zahlreichen internationalen und nationalen Vorgaben, aber auch den Stärken und Schwächen der Teilregionen und deren Beziehung zu ihrer Umgebung betrachtet werden. Die Rahmenbedingungen für das Szenariofeld – der Raum der Zukunftsprojektionen – müssen festgelegt und in die einzelnen Projektionen – die möglichen langfristigen Entwicklungspfade – integriert werden.

In einem ersten Schritt wurden – in einer Analyse des Status quo – die treibenden Faktoren der momentanen Entwicklung und somit die möglichen Einflussfaktoren der weiteren Entwicklung der Region identifiziert (Kirschner, Prettenthaler 2006). Neben diesen rein quantitativen Faktoren wurden mit Hilfe der Analyse relevanter europäischer Szenarioprozesse auch qualitative Einflussfaktoren erhoben (mehr zu diesen Einflussfaktoren Prettenthaler, Schinko 2007).

Wenn möglich, wurden die Einflussfaktoren mit Hilfe von quantifizierbaren Indikatoren unterlegt. Die Unterteilung wurde wiederum in die drei Bereiche Mensch, Umwelt und Wirtschaft vorgenommen und zeigt wiederum die Interdisziplinarität des Szenarioansatzes auf.

Mit Hilfe der Einflussanalyse wurde die Anzahl der in der weiteren Analyse berücksichtigten Faktoren von 34 auf 16 reduziert. Die treibenden Faktoren werden mit Hilfe von Aktiv- und Passivsumme sowie Dynamik- und Impulsindex bestimmt, um herauszufinden, welche der 34 Einflussfaktoren den größten Einfluss auf die weitere Entwicklung der Region nehmen können.

3.2.1   Wahl des Ansatzes zur Bestimmung der Einflussfaktoren:

Bei der Ermittlung der treibenden Kräfte, der Einflussfaktoren, und deren Beziehungen oder Vernetzungen im Verdichtungsraum Graz-Maribor kommt – um potentielle zukünftige Entwicklungen möglichst genau abbilden zu können – ein gemischter definitorischer Ansatz – eine Synthese – zur Anwendung (Höhenberger, Prettenthaler, 2007):

- So wurden wesentliche Elemente des **Top-down**-Ansatzes zur Entwicklung von drei Entwicklungsszenarien für die Untersuchungsregion angewendet. Von der Gegenwart aus wurden drei unterschiedliche („wünschenswerte") Szenarien entwickelt (**explorativer Ansatz**).

- Zusammenhänge wurden **bottom-up** und **prozessorientiert** betrachtet, um nicht ein bestimmtes Ergebnis, sondern vielmehr Vernetzungen und Wechselbeziehungen zwischen den einzelnen Faktoren, aber auch Vernetzungen zwischen den einzelnen politischen, wirtschaftlichen und gesellschaftlichen Akteuren sowie Entscheidungsträgern bestimmen zu können. Hier steht *die Zukunft der Region* im Mittelpunkt (*ibid.*), nicht nur eine bestimmte Handlungsempfehlung.

- Zum anderen wird sowohl auf **quantitative** als auch auf **qualitative Methoden** zurückgegriffen. In der kurzen Frist sind direkte Zusammenhänge zwischen den einzelnen Faktoren vielmals quantitativ gut erfassbar, mit der Länge des Prognosezeitraumes sinkt jedoch die Messbarkeit statistischer Wirkzusammenhänge. Auch können Variablen, für die keine oder nur mangelhafte Zeitreihen vorliegen, in die Untersuchung aufgenommen werden.

Bei der Wahl der Methoden zur Bestimmung der Einflussfaktoren wurden sowohl Elemente des **annahmen-** als auch des **expertengestützten Ansatzes** berücksichtigt. Bestimmt wurden die Einflussfaktoren

- mittels einer eingehenden **Analyse bestehender Studien, von Planungsdokumenten sowie rechtlicher und politischer Vorgaben** (Kirschner, Prettenthaler, 2007). Berücksichtigt werden die übergeordneten Rahmenbedingungen regionaler Entwicklungspolitik, weiters die Ziele der Europäischen Union – die Lissabon-Strategie und ihre Erweiterungen –, aber auch zahlreiche weitere internationale, nationale und regionale Vorgaben.

- mittels **partizipativer Verfahren**: Insgesamt wurden zwei interdisziplinäre Workshops zum Thema „*Was wird die Steiermark 2030 wirtschaftlich und sozial am meisten prägen?*" veranstaltet – befragt wurden steirische und slowenische Experten aus den Bereichen Forschung, Politik und Verwaltung, Wirtschaft und Zivilgesellschaft (Höhenberger, Prettenthaler, 2007).

- mittels einer **Auswertung bestehender Prognosen**. Prognostizierte Trends – vor allem im Bereich Demographie und Beschäftigung – wurden für den Verdichtungsraum Graz-Maribor ausgewertet (Aumayr, Kirschner 2006).

Für die qualitativen Einflussfaktoren bzw. für jene, bei denen das Institut über keine historischen Zeitreihen verfügt, wurde auf expertengestützte Einschätzung bezüglich der Entwicklungsmöglichkeiten der einzelnen Einflussfaktoren zurückgegriffen. Nachfolgend werden die Hauptergebnisse dieser Analysen in kurzer Form dargestellt.

3.2.2 Analyse bestehender Studien, Planungsdokumente sowie rechtlicher und politischer Vorgaben

Untersucht wurde das soziale, politische und rechtliche Umfeld, in dem die künftige Entwicklung des Verdichtungsraums Graz-Maribor „eingebettet" ist. Dieser Rahmen wird auf europäischer, nationaler und regionaler Ebene vorgegeben.

Auf europäischer Ebene bringt die sich beständig weiterentwickelnde Kohäsion der Europäischen Union zunehmenden Einfluss Brüssels in nationale, aber auch regionale Entwicklungsstrategien mit sich. Mögliche zukünftige Entwicklungen für den grenzüberschreitenden Verdichtungsraum Graz-Maribor sind im Kontext zahlreicher Vorgaben seitens der Union, insbesondere der Strategie von Lissabon in ihren drei Dimensionen – Soziales (Mensch), Umwelt und Wirtschaft – ihren Erweiterungen und Konkretisierungen, aber auch der Ziele der Strukturfondsperiode 2007-2013 zu betrachten.

Das übergeordnete Ziel der Europäischen Union ist es, zum wettbewerbsfähigsten und dynamischsten, wissensbasierten Wirtschaftsraum der Welt zu werden. Die nachfolgende Tabelle 22 fasst die Kernforderungen in Bezug auf die Bereiche Mensch, Umwelt und Wirtschaft zusammen:

Tabelle 22:   *Europäische Kernforderungen zur künftigen Entwicklung*

Mensch	Umwelt	Wirtschaft
Bildung von Humankapital	Forschung im Umweltbereich als Motor für Beschäftigungs- und Wirtschaftswachstum	ein dauerhaftes Wirtschaftswachstum
Aufbau der Wissensgesellschaft	Bekämpfung der Klimaänderung	Innovation: Steigerung der Ausgaben für F&E und Innovation auf 3 % des BIP, wobei 2/3 vom Unternehmenssektor kommen müssen
größerer regionaler Zusammenhalt	bis 2010 ein Anteil von 22 % an nachhaltigen Energiequellen	
eine Anhebung der allgemeinen Beschäftigungsquote von 61 % auf 70 % (Frauen von 51 % auf über 60 %).	Abkoppelung von BIP- und Verkehrswachstum	(Beschäftigungs-) Wachstum in den Bereichen Forschung und Innovation
mehr und bessere Arbeitsplätze	verantwortungsvoller Umgang mit Ressourcen	Steigerung der Arbeitsproduktivität
sozialer und räumlicher Ausgleich Kohäsion	Senkung des Energieverbrauchs in der Produktion (Energieintensität)	eine Stärkung der Wettbewerbsfähigkeit
eine ausgewogene Bevölkerungsentwicklung	Erreichbarkeit: Förderung leistungsfähiger und nachhaltiger Transportsysteme	Intensivierung der Vernetzungen zwischen den Sektoren
Schaffung lokaler Arbeitsplätze	Abkoppelung von BIP- und Verkehrswachstum	eine integrierte regionale Entwicklungsstrategie unter Einbeziehung weicher und harter Standortfaktoren
Ausbau regionalwirtschaftlicher Stärkefelder	nachhaltige städtische Entwicklung	

Quelle: Kirschner, Prettenthaler (2007).

Hauptsächliche Anliegen der **nationalen Ebene** der räumlichen Entwicklungspolitik im Verdichtungsraum Graz-Maribor sind soziale Kohäsion, räumlicher Ausgleich sowie eine Stärkung der Wettbewerbsfähigkeit der Regionen, die wirtschaftliches Wachstum und Umweltpolitik gleichermaßen berücksichtigen. *Tabelle* 23 ergänzt die europäischen Kernforderungen in den Bereichen Mensch, Umwelt und Wirtschaft um nationale Anliegen.

Tabelle 23:   Nationale Kernforderungen zur künftigen Entwicklung

Mensch	Umwelt	Wirtschaft
Nachhaltige Entwicklung – Leitziele: Lebensqualität, Wirtschaftsstandort, Lebensräume und Internationale Verantwortung	Anschluss an Infrastruktur (Mobilität und Verkehr)	Verbesserung der Wirtschaftsleistung
	Ausbau der Schiene (und Verlagerung des Güterverkehrs)	Weiterentwicklung von Standortfaktoren
Ausgleich städtischer und ländlicher Regionen		eine global nachhaltige Wirtschaft
	nachhaltige Nutzung von Ressourcen	
Entfaltungsmöglichkeiten für alle Generationen	nachhaltige Produkte und Dienstleistungen	regional- und beschäftigungspolitische Strategien
		Stärkung von F&E
verstärkte wirtschaftliche und soziale Integration in die Union	Umwelttechnologien und effizientes Ressourcenmanagement	
	korrekte Preise für Ressourcen und Energie	Standortsicherung, Weiterentwicklung von Standortfaktoren
Bildung und Ausbildung		Nachhaltigkeit der öffentlichen Finanzen
ein beständiges Bevölkerungswachstum	Schwerpunktförderung von Umwelttechnologien und effizientes Ressourcenmanagement (Wachstum durch Umwelttechnologien)	Intensivierung der Kooperationen auf allen Ebenen, insbesondere zwischen dem öffentlichen und privaten Sektor
Entfaltungsmöglichkeiten für alle Generationen		
Nutzung regionaler Potentiale in ländlichen Regionen		

Quelle: Kirschner, Prettenthaler (2007).

Die jüngste Vergangenheit – insbesondere die Neuausrichtung von Lissabon – brachte einen Paradigmenwechsel für die räumlichen Entwicklungspolitiken auf **der regionalen Ebene** mit sich. Von den Regionen selbst wird eingefordert, sich in den Dienst der übergeordneten Ziele der Union zu stellen und ihren Beitrag zur Verstärkung der territorialen Zusammenarbeit, sei sie grenzüberschreitender, transnationaler oder interregionaler Natur, zu leisten.

Wachstumspotentiale sind gezielt zu stimulieren, das endogene Entwicklungspotential, unter Berücksichtigung der jeweiligen Stärken und Schwächen, ist auszuschöpfen. Die räumliche Entwicklung der Regionen ist ein zentrales Instrument der europäischen Politik – in all ihren Dimensionen (Soziales, Umwelt und Wirtschaft). *Tabelle 24* ergänzt die europäischen und nationalen Kernforderungen in den Bereichen Mensch, Umwelt und Wirtschaft um regionale Anliegen.

Tabelle 24:   Regionale Kernforderungen zur künftigen Entwicklung

Mensch	Umwelt	Wirtschaft
die Schaffung bestmöglicher raumstruktureller Voraussetzungen	Sicherung des natürlichen ökologischen Systems, Förderung dezentraler Versorgung	Steigerung der Wirtschaftsleistung
sozialer und kultureller Ausgleich	Anteil an erneuerbaren Energieträgern von 33 %.	die optimale Ausnutzung des Entwicklungspotentials
Sicherung von günstigen Lebens- und Arbeitsbedingungen	Erhaltung und Wiederherstellung eines ausgewogenen Haushaltes der Natur	Eine F&E Quote von 3 % deutlich vor 2010, bis 2010 mindestens 3,5 %
Gleichstellung von Frauen und Männern	Eine sichere, ausreichende, kostengünstige, umwelt- und sozialverträgliche Bereitstellung von Energiedienstleistungen	Förderung eines allgemein positiven Innovationsklimas
Förderung der grenzüberschreitenden Agglomerationsentwicklung		Verbreiterung der Innovationsbasis und Stärkung der Innovationskraft
Nutzung des endogenen Potentials der Regionen	Verbesserung der Umwelt und des ländlichen Lebensraums	Aufbau neuer Wachstumsfelder und Schwerpunktsetzung in regionalen Stärken. Sektorale Spezialisierungen auf Stärkefelder
Stärkung von Kooperationen zwischen den Akteuren der Regionalpolitik		Schaffung von langfristigem Wachstum und Beschäftigung
		Triple AAA-Rating

Quelle: Kirschner, Prettenthaler (2007).

3.2.3   Auswertung vorhandener Prognosen

Aufbauend auf der von Aumayr (2006a) vorgenommenen Klassifizierung der Regionen des Verdichtungsraums Graz-Maribor wurden, unter Berücksichtigung verfügbarer Prognosen (Bevölkerungs- und sektorale Beschäftigungsprognosen bis ins Jahr 2030), Hypothesen zur künftigen Entwicklung des Verdichtungsraums Graz-Maribor und seiner Regionen formuliert.

Differenziert nach Clustertypen wurde versucht, ein regionsspezifisches Bild der zukünftigen Entwicklung zu generieren (Aumayr, Kirschner 2006). Zusammenfassend ergaben sich als Grundlage für die Formulierung möglicher Szenarien für den *Verdichtungsraum Graz-Maribor* folgende Hypothesen:

- Die **österreichischen Regionen** des Verdichtungsraums Graz-Maribor **bleiben** in Hinblick auf die Beschäftigungsstruktur **industriell geprägt**.

- Eine im nationalen Vergleich **geringere Tertiärisierung der Beschäftigungsentwicklung** ist für LebMur-Steiermark zu erwarten, da Graz keine „stadttypischen" Ausweitungen im Dienstleistungssektor verzeichnen wird.

- Ein **demographischer Konzentrationsprozess an jüngster Bevölkerung** wird **in den Zentren** festzustellen sein. Die jüngste Bevölkerung wächst künftig nur mehr in den städtischen Räumen des Verdichtungsraums Graz-Maribor.

- Ein **demographischer Konzentrationsprozess der Bevölkerung im erwerbsfähigen Alter** wird **in den Zentren** festzustellen sein. In den peripheren Regionen des Verdichtungsraums Graz-Maribor wird die Bevölkerung im erwerbsfähigen Alter zuerst stagnieren und gegen Ende der Prognoseperiode zurückgehen.

- Obwohl auch der Verdichtungsraum Graz-Maribor nicht vom Überalterungsprozess der Gesellschaft verschont bleiben wird, **bleibt die Region im Vergleich zu anderen österreichischen Gebieten „relativ" jung.**

- Die **Partizipationsraten** der Regionen des Verdichtungsraums Graz-Maribor **werden ein starkes Wachstum aufweisen** und sich tendenziell über den Prognosezeitraum **angleichen.**

3.2.4   Partizipative Verfahren

Basierend auf den Ergebnissen der quantitativen Analyse der Region und der Auswertung der verfügbaren Prognosen wurden zur Frage *„Was wird die Steiermark 2030 wirtschaftlich und sozial am meisten prägen?"* insgesamt ein Workshop mit JR-Experten, eine Assoziativbefragung, ein Workshop mit steirischen und slowenischen Experten/Multiplikatoren sowie eine Workshopserie („USW-Denkfabrik") veranstaltet.

Zum einen wurden 91 steirische und slowenische Experten aus den Bereichen Forschung, Politik und Verwaltung, Wirtschaft und Zivilgesellschaft befragt (Höhenberger, Prettenthaler 2007). 293 Antworten konnten 43 Themenblöcken zugeordnet werden. Hier wurde der demographische Wandel der Bevölkerung – Überalterung und Zuwanderung – als das für die künftige Entwicklung der Region wichtigste Thema genannt. Besondere Beachtung fanden auch die Bereiche Pensionssicherung und ausreichende Bereitstellung von Arbeitskräften.

Weiters wurde der Entwicklung des regionalen Arbeitsmarktes besondere Aufmerksamkeit gewidmet, hier standen die Zunahme prekärer Beschäftigungsverhältnisse und künftige Herausforderungen für die Beschäftigungspolitik im Mittelpunkt des Interesses. Für die Aufrechterhaltung der regionalen Wettbewerbsfähigkeit sind eine Verbesserung des Aus- und Weiterbildungsangebots und eine Erhöhung der Investitionen in Humankapital unabdingbar. Nachfolgend werden die Hauptergebnisse des Workshops *„Zukunftsszenarien für den Verdichtungsraum Graz-Maribor"*[4] in tabellarischer Form dargestellt, die prägendsten Themen der Zukunft finden sich in den Abbildungen 6–8.

---

[4]   Workshop und Assoziativbefragung, Orangerie, Burgarten, Graz (20. Juni 2006).Vortragende: Franz Prettenthaler, Markus Gruber, Eric Kirschner, Christine Aumayr.

Abbildung 6: Die elf prägendsten Themen der Zukunft

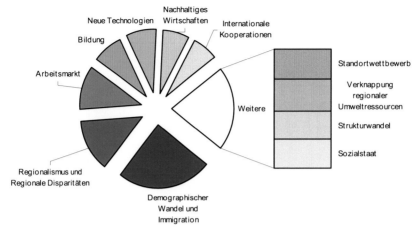

Quelle: Höhenberger, Prettenthaler (2007), eigene Darstellung JR-InTeReg.

Abbildung 7: Die zehn größten Chancen für 2030

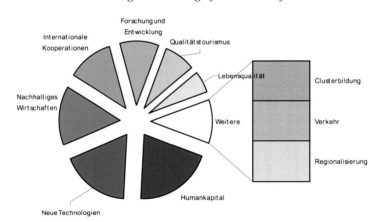

Quelle: Höhenberger, Prettenthaler (2007), eigene Darstellung JR-InTeReg.

Abbildung 8: Die zehn Themenbereiche mit dem größten Handlungsbedarf in der Region bis 2030

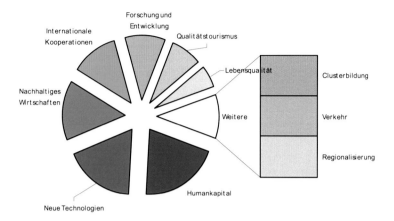

Quelle: Höhenberger, Prettenthaler (2007), eigene Darstellung JR-InTeReg.

Zudem wurden an fünf Abenden im Rahmen der **Denkfabrik des Absolventenvereins Umweltsystemwissenschaften**[5] künftige Entwicklungspfade für die Region diskutiert. Die größten Chancen wurden in einer Positionierung der Region als Weltmarktführer für nachhaltige Technologien gesehen. Vorhandene Stärkefelder – wie die steirischen Ingenieursdisziplinen in den Bereichen der Energie-, Antriebs-, Material/Werkstofftechnologie und Entsorgungstechnik – sollen entlang nachhaltiger Technologien ausgerichtet werden. Besondere Aufmerksamkeit gilt der

- Förderung des Umweltbewusstseins durch Bildungsmaßnahmen,

- Senkung des Ressourcenverbrauchs pro Wertschöpfungseinheit,

- Erhöhung der Forschungsaktivitäten, vor allem Steigerung der Innovationsaktivitäten, insbesondere in KMU, und Investitionen in nachhaltige Technologien und

- Positionierung einer Marke „Steiermark, das Land der nachhaltigen Unternehmen".

Die Intensivierung der Anstrengungen im Forschungsbereich soll zudem zu einer verstärkten Bewusstseinsbildung in den Bereichen Politik, Unternehmen und Gesellschaft führen. Auf Basis der definierten Stärkefelder und der involvierten AkteurInnen wurde, um maßgebliche Einflussfaktoren bestimmen zu können, ein Wirkungsdiagramm erarbeitet (siehe *Abbildung 9*).

---

[5] Die Denkfabrik stellt speziell für Kooperationspartner aus dem Bereich der Wirtschaftstreibenden der Politik eine "Beratungsinstanz" für Entscheidungen in komplizierten Sachfragen dar (Eigendefinition).

Abbildung 9: Wirkdiagramm Denkfabrik

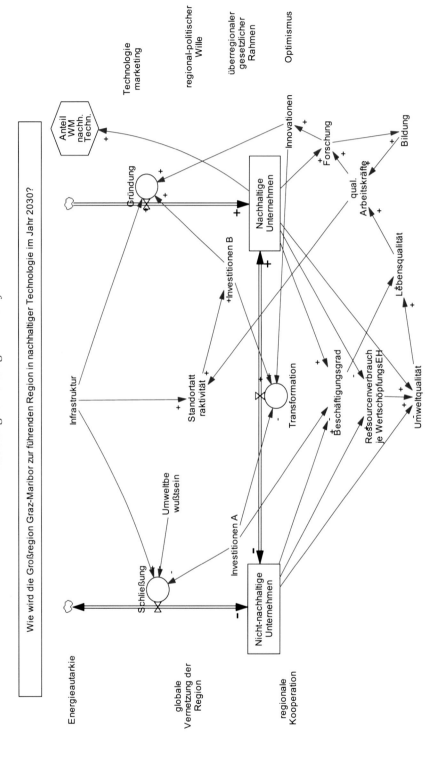

Wie wird die Großregion Graz-Maribor zur führenden Region in nachhaltiger Technologie im Jahr 2030?

Quelle: Ergebnisse der USW-Denkfabrik, eigene Darstellung JR-InTeReg.

3.3   DIE 34 EINFLUSSFAKTOREN

Die Einflussfaktoren dienen (1) der Beschreibung des Status der Regionen, (2) der Erfassung der Dynamik der künftigen Entwicklung sowie (3) der Darstellung der möglichen Zukunftsbilder der Szenarien. Sie sind Hilfsmittel und verdichten umfangreiche und oftmals komplexe Sachverhalte zu aussagekräftigen und vergleichbaren Schlüsselinformationen, ohne dabei den Sachverhalt direkt und vollständig zu messen:

- Die wesentliche Aufgabe der Einflussfaktoren besteht darin, ein komplexes System einfach verständlich und wahrnehmbar zu machen.

- Eine Einflussgröße ist somit eine Messgröße, die Informationen über ein bestimmtes Phänomen gibt, wobei Informationen gezielt zusammengefasst werden, um eine bestimmte Bewertung zu erleichtern.

- Einflussfaktoren sind niemals Selbstzweck, sondern Werkzeuge für ein bestimmtes Anliegen und können nur Eckdaten liefern. Sie dürfen nicht generell als Ersatz für weiterführende Analysen gesehen werden, sollten diese aber anregen.

Die Auswahl der Einflussfaktoren unterliegt zahlreichen Einschränkungen. Diese liegen in (Habsburg-Lothringen, Gruber, Faßbender, 2004):

- der Verfügbarkeit und Vergleichbarkeit von Daten zu den Faktoren – gerade international betrachtet sind die Datengrundlagen nur sehr eingeschränkt vergleichbar.

- der Aktualität und Aktualisierbarkeit der Daten – eine gewisse zeitliche Homogenität muss quer über alle Datenbestände gegeben sein.

- der Datengrundlage – sie sollte auf statistisch-administrativen Daten aufbauen und nicht durch gesonderte Befragungen erhoben werden.

3.3.1   Zur Auswahl der Einflussfaktoren

Aus den Ergebnissen der Analyse bestehender Studien, von Planungsdokumenten sowie rechtlicher und politischer Vorgaben – unter Berücksichtigung der Handlungsempfehlungen aus den partizipativen Verfahren und der Auswertung bestehender Prognosen – konnten in einem InTeReg-internen Workshop 34 Einflussfaktoren identifiziert und den drei Themenbereichen **Mensch**, **Umwelt** und **Wirtschaft** zugeordnet werden. Anzumerken bleibt, dass die Themenbereiche keinesfalls für sich selbst stehen, vielmehr beeinflusst ein jeder Themenbereich über zahlreiche Wechselwirkungen den jeweils anderen (siehe *Abbildung 10).*

Abbildung 10:   Die drei übergeordneten Themenbereiche

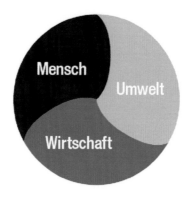

Quelle: Eigene Darstellung JR-InTeReg.

In einem ersten Schritt wurden zu jedem Themenbereich übergeordnete Ziele abgeleitet (Aumayr, Kirschner 2006; Kirschner, Prettenthaler 2006 und 2007, Prettenthaler, Schinko 2007 und Höhenberger, Prettenthaler 2007):

- **Mensch**: Eine ausgewogene demographische Entwicklung unter Berücksichtigung der wirtschaftlichen und sozialen Bedürfnisse der Bevölkerung soll mehr und bessere Arbeitsplätze für die Bevölkerung schaffen. Ein weiteres Anliegen ist die Sicherstellung von sozialem Frieden und Gerechtigkeit.

- **Umwelt**: Zentrales Anliegen in diesem Bereich ist der Erhalt des Lebensraums für die heutige sowie für spätere Generationen durch einen verantwortungsvollen Umgang mit Ressourcen. Die Bereitstellung von sicherer und sauberer Energie, eine Entkoppelung von BIP- und Verkehrswachstum, die Schaffung bestmöglicher raumstruktureller Voraussetzungen sowie eine Schwerpunktförderung von Umwelttechnologien zur Schaffung neuer Wachstumsfelder ergänzen den Zielkatalog. Zudem steht die Verbesserung der Umwelt und des ländlichen Lebensraums im Mittelpunkt der Überlegungen.

- **Wirtschaft:** Der Ausbau vorhandener Stärken, eine Erhöhung der Forschungsaktivitäten, eine Konzentration auf wissens- und technologieintensive Produktion von Gütern und Dienstleistungen wie auch der Aufbau neuer Wachstumsfelder sind die Grundlagen für eine Steigerung der Wirtschaftsleistung.

Um diese übergeordneten Ziele bestimmen, beschreiben und letztlich erfassbar und damit beeinflussbar zu machen, wurden jedem Ziel Einflussfaktoren zugeordnet. Einflussfaktoren sind demnach Faktoren, die über Wechselwirkungen und Vernetzungen potentiell die gesamte Umgebung, das System an sich , und nicht nur den jeweiligen Faktor, beeinflussen:

- So kann beispielsweise die „Steigerung der Wirtschaftsleistung" mit dem BRP-Wachstum pro Kopf beschrieben werden, die „Schaffung bestmöglicher raumstruktureller Voraussetzungen" lässt sich etwa von den verkehrstechnischen Voraussetzungen (und deren Entwicklung) ableiten, der „Aufbau neuer Wachstumsfelder und Schwerpunktsetzungen in regionalen Stärken" bedingt – gerade in der Steiermark – ein weiteres Wachstum der ohnehin schon hohen F&E-

Quote, aber auch eine Stärkung der Ingenieursdisziplinen (diese Stärkung lässt sich wiederum am Anteil der Diplomingenieure an den Beschäftigten ableiten).

- Zudem können Einflussfaktoren nicht zwingend einem einzelnen Entwicklungsziel zugeordnet werden: Eine „sichere, ausreichende, kostengünstige, umwelt- und sozialverträgliche Bereitstellung von Energiedienstleistungen" unter Berücksichtigung einer „Verbesserung der Umwelt und des ländlichen Lebensraums" wird von zahlreichen Faktoren und konkurrierenden Zielen (auch negativ) beeinflusst. Auch lassen sich über eine Veränderung mancher Einflussfaktoren Veränderungen in einem gesamten System ablesen – diese wirken auf eine Vielzahl anderer Faktoren. Dies gilt ebenfalls für die sektoralen Beschäftigungsanteile: Steigende Anteile im Dienstleistungsbereich sind nicht mit einem gelungenen Strukturwandel gleichzusetzen, dieser Indikator enthält (für sich) keine Informationen über die Qualität der in diesem Sektor erbrachten Leistungen (Gleiches gilt für die Beschäftigungsanteile anderer Wirtschaftsbereiche).

- Auch wirken die Einflussfaktoren unterschiedlich stark auf das gesamte System (wie die nachfolgende Einflussanalyse zeigen wird): So können von der demographischen Struktur einer Region zahlreiche Rückschlüsse auf das Arbeitskräftepotential, die Geburten- und Sterberate, den Zuzug, aber auch (bedingt) auf die Höhe der Ausgaben für Gesundheit („Ältere Menschen brauchen mehr Pflege") gezogen werden.

Insgesamt wurden 34 Einflussfaktoren den Bereichen Mensch, Umwelt und Wirtschaft zugeordnet. *Tabelle 25* zeigt die Zuordnung der einzelnen Einflussfaktoren und deren Indizierung (A, …, HH).

Der Bereich **Mensch** umfasst Arbeit und Bildung, Soziales, aber auch die demographische Struktur und Entwicklung. Die Faktoren A bis F und K beschreiben Beschäftigungsanteile und sind quantitativ erfassbar, eine *Positive Einstellung für Sozialausgaben* (G) ist nur qualitativ bestimmbar und steht für einen etwaigen Wertewandel in der Gesellschaft. Die demographische Struktur der Region wird mittels der restlichen Einflussgrößen im Bereich Mensch – mit Ausnahme der *Anzahl der Studierenden* (H) – analysiert.

Im Bereich **Umwelt** (M, …, V) werden Erreichbarkeit, Umweltschutz beziehungsweise Umweltverschmutzung, Energieeffizienz, aber auch die generelle Einstellung zu Nachhaltigkeit und die damit verbundene endogenen Nachfrage nach Produkten in diesem Segment betrachtet. Neben *Erreichbarkeit mit öffentlichem Verkehr* (N, S), der *Verknappung regionaler Umweltressourcen* (T), und Einflussfaktoren betreffend Energie beziehungsweise deren Kosten und Erzeugung (M, P, U, S, O) werden auch qualitative Variablen betrachtet – so die *endogene Nachfrage nach Nachhaltigkeitsprodukten und -technologien* (V) und die *positive Einstellung zu Umweltschutzmaßnahmen* (Q). Zudem wird die innovationsfördernde Wirkung von Umweltschutztechnologien anhand der Patente in diesem Bereich untersucht (R).

Tabelle 25: Die 34 Einflussfaktoren der Bereiche Mensch, Umwelt und Wirtschaft

Mensch	Umwelt	Wirtschaft
A. Anteil der Absolventen von naturwissenschaftlichen und technischen Studienrichtungen	M. Versorgungssicherheit bei Energie	W. F&E-Quote
B. Anteil der Diplomingenieure an unselbständig Beschäftigten	N. Erreichbarkeit im internationalen Vergleich mit öffentlichen Verkehrsmitteln	X. FFF-Quote
C. Anteil der Beschäftigten im Industriesektor	O. Anteil erneuerbarer Energie am Bruttoinlandsprodukt	Y. Umsatz von Markneuheiten am Gesamtumsatz
D. Anteil der Absolventen von künstlerischen und geisteswissenschaftlichen Studienrichtungen	P. Energiekosten in der Produktion	Z. Technologiequote
E. Anteil der im Gesundheitsbereich Beschäftigten (ÖNACE 85)	Q. Positive Einstellung zu Umweltschutzmaßnahmen	AA. Dienstleistungsquote
F. Anzahl der über 60-Jährigen im Erwerbsleben	R. Anzahl der Patente im Bereich erneuerbarer Energien/ Umwelttechnologie	BB. Wissensintensive Dienstleistungsquote
G. Positive Einstellung zu Sozialausgaben	S. Öffentliche intraregionale Verkehrsquote	CC. Arbeitsproduktivität im Dienstleistungssektor
H. Anzahl der Studierenden	T. Verknappung regionaler Umweltressourcen	DD. Anzahl der Gründungen im Sozial- und Pflegebereich
I. Entwicklung der Einwohnerzahlen absolut	U. Energieeinsatz je Wertschöpfungseinheit	EE. Nächtigungsintensität je Einwohner
J. Anteil der über 60-Jährigen an der Gesamtbevölkerung	V. Endogene Nachfrage nach Nachhaltigkeitsprodukten und -technologien	FF. Flexible Arbeitszeitmodelle
K. Anteil der Beschäftigten im Umwelttechnologiebereich		GG. Erwerbsquote gesamt
L. Zuzug		HH. Wirtschaftsleistung (BRP je Einwohner)

Quelle: Eigene Darstellung JR-InTeReg.

Im Bereich **Wirtschaft** liegt der Fokus klar auf Faktoren, welche die Innovationsfähigkeit der Region verbessern. Einflussfaktoren sind hier *die öffentlichen und privaten Ausgaben für Forschung und Entwicklung* (W, X) und *der Umsatzanteil von innovativen Produkten oder Marktneuheiten* (Y). Um den strukturellen Wandel beschreiben zu können, werden neben der *Dienstleistungsquote* (AA) auch die *Anteile der wissensintensiven Dienstleistungen* (BB) beziehungsweise die des *Technologiebereichs* (Z) innerhalb der Sachgütererzeugung betrachtet. Bedeutung wurde auch den *Gründungen im Sozialbereich und Pflegebereich* (DD) zugemessen, insbesondere in Bezug auf die sich verändernde demographische Struktur der Wohnbevölkerung. Weiters wurde für den Tourismusbereich die *Nächtigungsdichte je Einwohner* (EE) als Einflussgröße gewählt. An den Faktoren *Flexible Arbeitszeitmodelle* (FF) und *Erwerbsquote gesamt* (GG) lassen sich der strukturelle Wandel im Arbeitsmarkt, beziehungsweise ein allfälliges *Wirtschaftswachstum* (HH) ablesen.

3.4   EINFLUSSANALYSE

Szenarien sind potentiell mögliche Zukünfte – eine rein objektive Darstellung käme einer exakten Voraussage der Zukunft gleich. Der Objektivierung eines Vorschauprozesses – wie dies die Szenariotechnik tut – sind klare Grenzen gesetzt.

In dieser Prozessphase werden auf Basis der vorangegangenen Analyse die globalen – und damit externen, nicht beeinflussbaren – Trends, ebenso wie die durch die Region selbst steuerbaren internen Einflussfaktoren identifiziert. Die direkten Wechselbeziehungen der Variablen werden mit Hilfe einer Vernetzungsmatrix, der so genannten *Einflussmatrix*, untersucht.

3.4.1   Grundlegende Anmerkungen zur Bewertung der Einflussfaktoren

Die dieser Arbeit zugrundeliegende Auswahl der Einflussfaktoren, aber auch deren Bewertung legen implizit kausale Zusammenhänge zwischen den Einflussfaktoren fest (welche in den nachfolgenden Abschnitten über die Cross-Impact-Matrix und durch die Zuordnung von Projektionen zu den Einflussfaktoren konkretisiert werden). Die Bewertung des Einflusses eines Faktors auf die jeweiligen anderen sind – wie schon zuvor die Auswahl der Einflussfaktoren – Annahmen, die das Szenariofeld, also die Rahmenbedingungen, für mögliche Zukunftsbilder festlegen (und somit die Richtung der Ergebnisse maßgeblich bestimmen). In diesem Sinne sind Szenarien:

[...] hypothetical sequences of events constructed for the purpose of focusing attention on causal processes and decision points. They answer two kinds of questions: (1) Precisely how might some hypothetical situation come about, step by step? and (2) What alternatives exist, for each actor, at each step, for preventing, diverting, or facilitating the process?

(Kahn, Wiener 1967)

Mit der Einflussmatrix werden eben jene kausalen Zusammenhänge einer hypothetischen Sequenz von Ereignissen beschrieben (ein Ereignis ist definitorisch die Veränderung eines Einflussfaktors und die daraus resultierenden Auswirkungen auf das gesamte Szenariofeld).

Die Basis dieser hypothetischen Bewertung bilden spezifische (endogene Modell-) Annahmen über die Wirkzusammenhänge im System der gegenseitigen Beeinflussung der Faktoren – hierzu einige generelle Anmerkungen betreffend die Diskussion zur Bewertung der Einflussfaktoren:

Annahme 1: Fortschreitender Strukturwandel

Eine der großen Herausforderungen des Verdichtungsraums Graz-Maribor wird der Umgang mit einem fortschreitenden strukturellen Wandel, also die Veränderung der relativen Gewichte einzelner Sektoren während des Entwicklungsprozesses sein.

Mehrere Einflussfaktoren grenzen das Szenariofeld diesbezüglich ein. Indikatoren dieser relativen Anteile sind die sektoralen Beschäftigungsanteile (beziehungsweise die Bruttowertschöpfung). Im Allgemeinen wird von sinkenden Beschäftigungsanteilen im sekundären Sektor bei gleichzeitig steigenden Beschäftigungsanteilen im Dienstleistungsbereich ausgegangen. Sinkende Beschäftigungsanteile können jedoch keinesfalls mit einem sinkenden Bedeutungsverlust des betroffenen Sektors gleichgesetzt werden. Entscheidend hierfür ist die spezifische Arbeitsproduktivität (z.B. der Ertrag pro eingesetzte Arbeitsstunde, pro eingesetzte Kapitaleinheit). Hohe Produktivitäten stehen wiederum für eine hohe internationale Konkurrenzfähigkeit. Unter der Annahme, dass relativ unproduktive (beziehungsweise arbeitsintensive) Aktivitäten zunehmend in den Dienstleistungsbereich (beziehungsweise in Länder mit geringeren Lohnkosten) ausgelagert werden, führen sinkende Beschäftigungsanteile zu höherer Produktivität im produzierenden Bereich – und somit zu sinkender Produktivität im Bereich der Dienstleistungen[6]. Die sektoralen Produktivitäten werden in dieser Arbeit implizit über die Einflussfaktoren abgeleitet[7].

Steigende Beschäftigungsanteile im Dienstleistungsbereich (Dienstleistungsquote) führen zu sinkenden Anteilen im sekundären Bereich (sinkender Anteil der Beschäftigten im Industriebereich)[8]. Die Qualität dieser quantitativen Veränderung wird über den Wandel der Beschäftigung im hoch qualifizierten Bereich erfasst – über wissensintensive (Wissensintensive Dienstleistungsquote) beziehungsweise technologieintensive (Technologiequote) Branchen.

Es gilt: (1) Sinkende Beschäftigungsanteile im gesamten und im hoch qualifizierten Bereich sind mit einem Bedeutungsverlust des gesamten Sektors gleichzusetzen. (2) Sinkende Beschäftigungsanteile im gesamten Bereich bei steigenden Anteilen im hoch qualifizierten Bereich lassen auf steigende Produktivitäten im Sektor schließen. (3) Bei steigenden Beschäftigungsanteilen im gesamten Bereich bei gleichzeitig sinkender Beschäftigung im hoch qualifizierten Bereich muss von zunehmend geringerer sektoraler Produktivität ausgegangen werden. (4) Steigende Beschäftigungsanteile sowohl im hoch qualifizierten als auch im gesamten Bereich lassen eine wachsende Bedeutung dieses Sektors vermuten – wobei die sektorale Produktivität auch sinken kann (Faktor: Arbeitsproduktivität im Dienstleistungssektor). Hier ist die Quantität der Veränderung für eine weitere Interpretation entscheidend[9].

Neben der Innovationsfähigkeit der Region bestimmen gerade die oben genannten Faktoren die *Wirtschaftsleistung je Einwohner.*

Annahme 2: Innovationsfähigkeit als Schlüsselqualifikation

Die F&E-Quote ist der zentrale Indikator für die Innovationsfähigkeit einer Region. Demnach wird technologischer Fortschritt – die Anzahl an Patenten, steigende Wertschöpfungsanteile –, aber auch das Wirtschaftswachstum stark von dieser Größe beeinflusst. Geforscht wird, neben dem öffentlichen Bereich, insbesondere in Industriebetrieben und im Hochtechnologiebereich – diese sind wiederum abhängig von qualifiziertem Personal, insbesondere von Absolventen technischer Studienrichtungen. Weiters wird davon ausgegangen, dass steigende Energiekosten (aber eine zunehmende Verknappung der regionalen Umweltressourcen) zu vermehrten Forschungsanstrengungen und zu steigender Nachfrage im Umwelttechnologiebereich führen wird, was vica versa zu steigenden Ausgaben für F&E führen muss.

Ein weiterer Innovationsindikator ist der *Anteil der Diplomingenieure an den unselbstständig Beschäftigten* (wie auch in schwächerem Maß der Anteil der Hochschulabsolventen, siehe

---

[6] Diese wissenschaftliche Diskussion ist zudem eng verbunden mit den grundlegenden ökonomischen Eigenschaften von Gütern, Dienstleistungen und intermediären Warenbündeln, siehe hierzu u.a.: Hill, T P, 1977. "On Goods and Services," Review of Income and Wealth, Blackwell Publishing, vol. 23(4), S. 315-38.

[7] Der primäre Sektor wird in dieser Arbeit nicht weiter analysiert.

[8] Eine definitorische Abgrenzung dieser Einflussgrößen findet sich in den folgenden Abschnitten.

[9] Offensichtlich können nur (1) *oder* (2) und (3) *oder* (4) eintreten.

Einflussfaktoren A, D) in der Region[10]. Eine steigende Anzahl hoch qualifizierter Beschäftigter ist Voraussetzung für steigende Ausgaben für Forschung und Entwicklung und für eine steigende Technologiequote, zudem wird die Zahl der Beschäftigten im Industriesektor maßgeblich beeinflusst – Gleiches gilt für die Einflussgrößen *Energieeinsatz je Wertschöpfungseinheit*, aber auch für die *Anzahl der Patente im Umwelttechnologiebereich*.

Annahme 3: Umwelttechnologie als Chance und Risiko

Zur Erreichung von höherem Wachstum und mehr und besseren Arbeitsplätzen war eine Forcierung der Umweltkomponente die zentrale Forderung des Rates von Göteborg (Kirschner, Prettenthaler 2007). Dem zugrunde liegt ein „unterstellter" **Zusammenhang zwischen Innovation und Umweltpolitik**: Technologische Innovation im Bereich der Nachhaltigkeitstechnologien erlaubt es, Wirtschaftswachstum und Ressourcenverbrauch voneinander abzukoppeln (Kirschner, Prettenthaler 2007). Neue effizienzsteigernde Technologien sowie konsequente Weiterentwicklung von Vermeidungstechnologien insbesondere in den Bereichen Energie und Verkehr sind Grundlage für ein beständiges, vor allem aber nachhaltiges Wirtschaftswachstum.

Erfolg oder Misserfolg dieses Entwicklungspfades hängen von zahlreichen Faktoren ab. Zum einen muss eine technologische Spezialisierung in diesem Gebiet gelingen – für ein Steigen der Beschäftigung im Umwelttechnologiebereich müssen Ausbildungsmöglichkeiten geschaffen und ausgebaut werden –, der *Anteil an Diplomingenieuren an der Beschäftigung* muss signifikant steigen. Generell gilt: Technologische Innovation, Forschung und Entwicklung im Bereich Umwelttechnologie ermöglichen eine erhöhte Produktionseffizienz, einen steigenden Anteil erneuerbarer Energie und eröffnen Chancen im öffentlichen Verkehr, wenn:

(1) eine ausreichende endogene Nachfrage nach Nachhaltigkeitsprodukten und –technologien gegeben ist und (2) die internationalen Rahmenbedingungen gegeben sind. Diese Technologien müssen international konkurrenzfähig sein; somit muss auch eine Nachfrage zumindest auf europäischer Ebene gegeben sein. Sowohl (1) und (2) gelingen nur über einen Wandel in der Werthaltung der Bevölkerung (siehe Annahme 4).

Annahme 4: Nachfrageänderungen durch Wertewandel

Unfortunately, the uncertainties in any study looking more than five or ten years ahead are usually so great that the simple chain of prediction, policy change, and new prediction is very tenuous indeed.

(Kahn, Wiener 1967).

Ein wesentlicher Grund für diese von Kahn und Wiener beschriebene Unsicherheit ist ein Wandel im Wertesystem einer Gesellschaft. Dieser ist kaum vorhersehbar, seine Einflüsse auf mögliche Zukunftsbilder sind jedoch nicht zu unterschätzen. Die Einstellung zu Sozialausgaben, die Bereitschaft,

---

[10] Die Anzahl und Verteilung hoch qualifizierter Beschäftigter im wichtigen Bereich der technisch Hochqualifizierten wurde pionierartig in Schweden von der School of Technology Management and Economics der Chalmers University of Technology in Göteborg in die internationale Diskussion eingeführt (WIBIS).

öffentliche Verkehrsmitteln zu nutzen, aber auch die Akzeptanz von umweltfreundlichen Technologien bestimmen die endogene gesellschaftlichen Nachfrage nach Leistungen und Produkten aus eben diesen Bereichen (es kommt zu einer Änderungen der Präferenzen der Konsumenten).

Diese Wertediskussion spiegelt sich auch in der Bewertung der Einflussfaktoren wider – ausdrücklich über die Einflussfaktoren (V) *Endogene Nachfrage von Nachhaltigkeitsprodukten und -technologien*; (G) *Positive Einstellungen zu Sozialausgaben.* Aber auch (FF) *Flexible Arbeitszeitmodelle* beziehungsweise (GG) *Erwerbsquote gesamt* werden (beispielsweise) maßgeblich von normativen Werten – wie etwa der gesellschaftlichen Bereitschaft, Änderungen in den Ausprägungen dieser Einflussgrößen zu akzeptieren – beeinflusst (so scheitern Sonntagsöffnungszeiten im Handel in Österreich letztlich am Widerstand der Bevölkerung).

Annahme 5: Demographische Entwicklung

Die Auswertung der Assoziativbefragung (Höhenberger, Prettenthaler 2007) unterstreicht die Bedeutung der demographischen Entwicklung für die Zukunft der Region – der demographische Wandel wird hier als das prägendste Thema für die Zukunft der Region gesehen. Die Auswertung vorhandener Prognosen zeigt (1) einen deutlichen Konzentrationsprozess der Bevölkerung im erwerbsfähigen Alter in den Zentren und (2) einen klar höheren Anteil (an der Gesamtbevölkerung) der Personen von 60 Jahren und darüber (Aumayr, Kirschner 2006). Insgesamt wird die Region über den gesamten Szenarienzeitraum ein Bevölkerungswachstum zu verzeichnen haben.

Die regionalen Unterschiede zwischen ländlichen und urbanen Regionen werden jedoch tendenziell zunehmen, es kommt zu einer Überalterung der Peripherie – diese ist verbunden mit einem zum Teil starken Einwohnerrückgang. Eine Ursache dieser Entwicklung ist die Konzentration von Zuwanderung in die Städte (sowohl von Binnen- als auch von Außenwanderung). Die Intensität dieses Prozesses und seine Auswirkungen auf das Gesamtsystem hängen vor allem von der Quantität der Zuwanderungen ab. Diese beeinflusst maßgeblich den Anteil der über 60-Jährigen sowie die gesamte Erwerbsquote.

Zudem wird unterstellt, dass eine durchschnittlich ältere Bevölkerung (1) generell mehr Dienstleistungen nachfragt – insbesondere in den Bereichen Gesundheit, Soziales und Pflege (und damit verbunden zu höheren Beschäftigungsanteilen in diesen Segmenten beiträgt) – und (2) mit einer geringeren „Innovationsfreudigkeit" verbunden ist[11]. Im Bereich Forschung und Entwicklung gewinnt vor allem der medizinische Bereich verstärkt an Bedeutung (über eine stark steigende Nachfrage nach diesen Produkten) – dies führt zu einem Konzentrationsprozess der Forschungsanstrengungen.

3.4.2   Die Einflussmatrix

Die paarweise Bewertung der Indikatoren wird auf einer vierstufigen Bewertungsskala vorgenommen, wobei gilt, dass bei der Vergabe einer Null keine Wirkung von Faktor A auf Faktor B ausgeht und dass bei der Bewertung mit der Wirkstärke 3 ein sehr starker Einfluss von Faktor A auf Faktor B ausgeht.

---

[11]   Die Bedürfnisse (und somit die Präferenzen) der Konsumenten ändern sich mit zunehmendem Alter, und somit ändert sich deren Nachfrage nach Gütern und Dienstleistungen. Besondere Auswirkungen wird dies auch auf die Ausgaben der Öffentlichen Hand haben.

Bei dieser im Intervall [0,3] vorgenommenen Bewertung spielt die Richtung der Beeinflussung (ob positiv oder negativ) noch keine Rolle – einzig die Stärke des Wirkzusammenhanges wird definiert.

Grundlage der in *Tabelle 26* dargestellten Bewertung der Einflussmatrix bilden die in den vorhergegangenen Abschnitten diskutierten partizipativen Verfahren (Höhenberger, Prettenthaler 2007). Wo möglich, wurde zudem zur Bewertung des Einflusses eines Faktors auf den jeweils anderen auf vorhandene Literatur sowie auf Planungsdokumente (Aumayr 2006a, b, Aumayr, Kirschner 2006, Kahn, Wiener 1967 und Kirschner, Prettenthaler 2006 und 2007) zurückgegriffen. Dennoch kann die hier gezeichnete Einflussmatrix keinesfalls als Ultima ratio bezeichnet werden, vielmehr ist sie eine (von vielen) möglichen Bewertungen: Ob ein Einfluss zwischen zwei Faktoren als gering (1) bewertet wurde oder ob kein Einfluss (0) angenommen wurde, liegt oftmals „im Auge des Betrachters[12]".

---

[12] Der Standpunkt eines Wirtschaftswissenschaftlers zu diesen Themen weicht naturgemäß von dem eines Sozialwissenschaftlers ab, was sich mit Sicherheit auch in der hier vorgenommenen Bewertung widerspiegelt.

Tabelle 26:   Einflussmatrix der 34 Einflussfaktoren

	W.	X.	Y.	A.	B.	M.	C.	Z.	D.	AA.	E.	F.	CC.	G.	DD.	EE.	N.	O.	P.	Q.	R.	H.	FF.	BB.	GG.	I.	HH.	J.	S.	T.	K.	U.	V.	L.
W.	-	3	3	0	2	1	3	3	0	0	1	0	1	0	0	0	1	2	1	1	3	0	1	2	1	0	2	0	0	2	2	3	1	1
X.	3	-	2	0	2	0	2	3	0	1	0	0	1	0	0	1	1	2	1	1	3	0	1	2	1	0	2	0	0	1	1	2	0	1
Y.	2	2	-	1	2	0	2	2	1	1	0	0	2	0	1	2	1	1	0	0	3	1	0	2	1	1	2	0	0	1	2	2	1	2
A.	2	2	1	-	3	0	1	2	1	1	0	0	0	1	0	0	0	0	1	2	1	0	1	1	0	1	0	0	1	2	1	1	1	2
B.	3	3	2	2	-	1	3	3	2	1	0	2	0	1	0	1	1	2	0	1	3	1	0	2	1	0	2	1	1	1	2	3	2	0
M.	1	2	2	0	2	-	3	3	0	0	1	0	1	0	0	0	2	3	3	3	3	0	0	0	2	1	3	0	0	3	2	3	1	1
C.	1	3	1	2	3	2	-	2	1	3	2	2	1	2	0	2	2	2	1	3	0	2	2	2	3	2	3	1	1	3	2	2	1	2
Z.	3	3	3	2	3	0	2	-	2	3	3	2	0	0	1	1	2	2	2	2	2	2	1	2	2	0	0	0	0	2	2	0	0	0
D.	0	0	1	1	1	1	2	2	-	2	1	1	1	1	1	1	0	0	0	0	0	1	0	0	1	1	1	0	1	1	1	1	0	0
AA.	2	2	2	2	2	2	3	3	1	-	2	2	1	2	0	1	1	0	0	0	0	1	1	3	1	1	3	0	1	2	2	2	0	1
E.	1	2	0	1	1	1	2	0	2	3	-	1	2	2	2	0	2	0	0	0	0	2	1	2	1	1	1	1	2	0	1	2	0	2
F.	0	1	0	0	0	1	2	1	0	2	1	-	1	2	0	2	1	0	1	0	0	1	2	1	2	1	2	0	0	0	1	2	0	2
CC.	2	2	1	0	0	0	0	2	1	0	1	2	-	0	0	0	0	0	0	0	2	1	2	2	1	2	0	1	1	1	1	1	1	1
G.	0	0	0	0	0	0	1	2	1	2	1	2	0	-	2	0	2	0	0	2	0	2	0	0	1	1	1	0	0	1	2	2	0	2
DD.	0	0	1	1	2	1	2	2	2	1	1	0	3	3	-	1	0	2	0	0	1	0	2	1	2	2	0	2	0	0	1	1	1	2
EE.	0	0	0	0	0	2	2	2	2	3	2	0	1	0	0	-	2	0	0	2	0	1	0	1	1	2	0	3	2	1	0	0	0	2
N.	1	0	1	1	1	2	2	2	1	2	3	2	2	0	1	3	-	1	0	2	1	1	2	1	1	1	1	1	0	2	2	1	2	2
O.	2	3	2	2	3	2	1	2	0	0	0	0	0	0	0	0	1	-	2	3	3	0	0	0	0	2	2	0	2	3	2	3	2	0
P.	3	2	2	2	2	3	2	2	0	2	0	2	0	0	0	0	2	3	-	3	3	2	0	2	2	1	0	0	1	3	2	2	3	1
Q.	1	1	2	1	1	2	1	1	0	2	0	0	0	0	0	0	2	0	3	-	3	0	0	0	0	1	1	0	1	3	2	2	3	0
R.	3	2	3	2	3	1	2	2	2	0	0	0	0	0	0	1	2	1	2	2	-	0	1	0	2	1	1	0	2	3	3	1	0	0
H.	0	0	0	1	1	1	2	0	1	1	1	2	0	1	0	0	0	0	0	0	0	-	0	0	1	2	0	0	2	1	1	1	1	2
FF.	1	1	0	1	1	2	2	1	0	1	1	2	1	0	0	0	0	0	0	2	-	1	2	1	2	0	0	0	0	0	0	0	0	0
BB.	1	2	2	2	0	2	2	2	3	1	1	3	0	1	0	0	0	1	0	0	2	3	-	1	1	2	0	0	2	1	2	0	1	0
GG.	1	1	3	1	1	1	1	1	1	2	0	1	0	2	1	0	1	0	1	0	0	1	1	1	-	2	2	0	1	2	1	2	0	2
I.	0	0	0	1	0	2	1	0	0	2	1	2	0	0	2	0	2	0	0	0	0	2	0	1	1	-	1	0	0	2	1	2	1	2
HH.	2	2	3	2	2	1	2	2	2	2	1	1	0	2	2	0	1	1	0	2	2	2	2	1	2	1	-	0	0	3	1	1	1	3
J.	2	2	1	1	1	1	1	1	0	2	3	2	0	3	3	1	2	1	0	1	1	0	1	2	1	1	1	-	1	1	1	0	0	2
S.	1	0	0	0	1	2	2	1	1	2	1	2	0	0	1	2	3	0	0	1	1	2	1	0	2	1	1	0	-	3	0	0	1	2
T.	2	2	1	1	1	3	2	2	1	2	2	2	0	1	1	3	0	3	3	3	2	0	0	1	1	3	3	3	2	-	2	3	3	3
K.	2	2	1	2	2	2	2	3	1	2	1	2	0	0	2	2	1	2	0	3	3	1	0	1	1	0	1	0	0	2	-	3	3	0
U.	1	1	0	0	0	0	2	2	1	2	1	0	0	0	0	0	0	1	1	2	2	1	0	1	2	2	1	0	0	3	1	-	1	0
V.	3	3	3	2	1	3	2	3	2	2	1	1	0	0	0	0	3	3	1	3	3	1	0	2	1	0	1	0	2	3	3	2	-	0
L.	1	0	2	1	1	0	2	0	1	1	2	2	2	3	2	1	2	0	0	1	0	1	2	2	2	3	2	3	1	2	0	0	0	-

Quelle: Eigene Berechnungen, eigene Darstellung JR-InTeReg.

3.5   ERGEBNISSE DER EINFLUSSANALYSE

Als Ausgangspunkt für die Auswahl der Schlüsselfaktoren dient die sogenannte Aktiv- und Passivsumme eines jeden Einflussfaktors. Aus der Aktiv- und der Passivsumme lassen sich in einem weiteren Schritt der Dynamik- und der Impulsindex ableiten:

- Die **Aktivsumme** (AS) wird durch die Zeilensumme eines Einflussfaktors gebildet – sie ist die Summe der Einflussstärken eines Faktors auf die anderen und somit ein Maß für die Stärke einer Größe auf das gesamte System der 34 Faktoren. Eine hohe Aktivsumme deutet auf weitreichenden Einfluss eines Faktors auf das gesamte System hin.

- Die **Passivsumme** (PS) errechnet sich aus der Spaltensumme eines Einflussfaktors – sie ist die Summe des Einflusses sämtlicher anderer Faktoren auf die jeweilige Einflussgröße, eine hohe Passivsumme steht – in Relation zu den 33 anderen Einflussgrößen – für ein hohes Maß an Abhängigkeit eines Faktors von der Entwicklung des gesamten Systems.

- Der **Dynamikindex** wird durch die Multiplikation von Aktiv- und Passivsumme erstellt und misst den Grad der Vernetzung eines Einflussfaktors mit dem Gesamtsystem.

- Der **Impulsindex** ergibt sich aus der Division der Aktivsumme durch die Passivsumme und misst die Stärke der Aktivsumme in Relation zur Passivsumme. Die Ergebnisse der Auswertungen – die Aktiv- und Passivsummen, der Dynamik- und Impulsindex zu jedem der 34 Einflussfaktoren – finden sich in *Abbildung 11*:

Abbildung 11:   Ergebnisse der Einflussanalyse

Deskriptor	Passivsumme	Aktivsumme	Impulsindex	Dynamikindex
A	35	28	0,80	980
B	47	47	1,00	2209
C	61	61	1,00	3721
D	32	24	0,75	768
E	35	38	1,09	1330
F	38	29	0,76	1102
G	26	27	1,04	702
H	38	22	0,58	836
I	40	26	0,65	1040
J	11	40	3,64	440
K	48	47	0,98	2256
L	41	42	1,02	1722
M	40	45	1,13	1800
N	37	45	1,22	1665
O	34	42	1,24	1428
P	22	52	2,36	1144
Q	42	34	0,81	1428
R	43	42	0,98	1806
S	25	34	1,36	850
T	56	61	1,09	3416
U	56	28	0,50	1568
V	31	54	1,74	1674
W	47	39	0,83	1833
X	49	35	0,71	1715
Y	45	38	0,84	1710
Z	59	52	0,88	3068
AA	53	46	0,87	2438
BB	42	40	0,95	1680
CC	23	27	1,17	621
DD	23	37	1,61	851
EE	25	32	1,28	800
FF	23	22	0,96	506
GG	40	34	0,85	1360
HH	53	50	0,94	2650
Σ	1320	1320		

Quelle: Eigene Berechnungen, eigene Darstellung JR-InTeReg.

4 Auswahl der Schlüsselfaktoren (Deskriptoren)

Aufbauend auf den Ergebnissen der Einflussanalyse können die Einflussfaktoren einer der folgenden fünf Gruppen systematisch zugeordnet werden (Prettenthaler, Höhenberger 2007), diese beinhalten Einflussfaktoren mit:

1. hoher Aktiv- und geringer Passivsumme (Impulsindex von größer oder gleich 2) oder **impulsive Einflussfaktoren:** Sie üben aufgrund ihrer Hebelwirkung maßgeblichen Einfluss auf das gesamte System aus, sie werden von anderen Faktoren nur geringfügig beeinflusst – und sind, aufgrund dieser Hebelwirkung, für Lenkungseingriffe besonders geeignet.

2. hoher Aktiv- und Passivsumme sowie einem überdurchschnittlichen Dynamikindex oder **dynamische Einflussfaktoren:** Diese beeinflussen das System stark, reagieren jedoch auch stark auf Veränderungen. Rückkoppelungen machen eine Abschätzung der Wirkrichtung von Lenkungseingriffen dieser Variablen schwierig und setzen jedenfalls eine genaue Analyse potentieller Auswirkungen voraus.

3. niedriger Aktiv- und Passivsumme sowie einem geringen Dynamikindex oder **puffernde Einflussfaktoren:** Diese Faktoren sind nicht stark im System verankert, sie beeinflussen kaum, noch werden sie stark beeinflusst. Sie können ohne größeren Informationsverlust von einer weiteren Analyse ausgespart werden.

4. niedriger Aktiv- und hoher Passivsumme (geringer Impulsindex) oder **reaktive Einflussfaktoren:** Andere Variablen wirken stark auf die reaktiven Größen ein, während dies umgekehrt nicht der Fall ist. Aus diesem Grund eignen sich diese Faktoren als Indikatoren für die Weiterentwicklung eines Systems.

5. durchschnittlicher Aktiv- und hoher Passivsumme (durchschnittlicher Impulsindex) oder **neutrale Einflussfaktoren:** Diese Einflussgrößen liegen an den Schnittflächen der bisher beschriebenen Systemgrößen – über ihren Einfluss auf das System kann *a priori* keine generelle Aussage getroffen werden.

4.1   AUSWAHL DER SCHLÜSSELFAKTOREN NACH AKTIV- UND PASSIVSUMME

In *Abbildung 12* ist die Position der fünf Gruppen von Einflussfaktoren graphisch dargestellt. Die x-
und y-Achsen bilden die Summe der jeweils maximal erreichbaren Aktiv- und Passivsummen
(max=99). Die Grenzen zwischen den einzelnen Einflussgruppen lassen sich über einen
Durchschnittswert in der Graphik abbilden:

Abbildung 12:   Fünf Gruppen von Einflussfaktoren

Quelle: Eigene Darstellung JR-InTeReg.

Die Grenzen der Quadranten werden über eine vertikale sowie horizontale Verlängerung eines – des
gewichteten, beziehungsweise des normierten – Durchschnittspunktes ermittelt: Der **normierte
Durchschnittspunkt** ergibt sich aus der Hälfte (dem Mittelwert) der Summe der maximal möglichen
Aktiv- beziehungsweise Passivsumme eines jeden Faktors: Die maximale Bewertungsmöglichkeit
eines Faktors in der Einflussmatrix liegt bei 3. Die maximale Aktiv- beziehungsweise Passivsumme
errechnet sich aus der Anzahl der Einflussgrößen, die ein jeweiliger Faktor potentiell beeinflussen
kann, mal deren maximaler Ausprägung, d.h. für 34 Faktoren gilt:

Berechnung normierter Durchschnittspunkt:	
n = 34 Faktoren	$((n-1) \times 3) / 2 = 49{,}5$
$3 =$ Maximal mögliche Ausprägung eines Faktors in der Einflussmatrix	d.h.
	$(x,y) = (49{,}5;49{,}5)$

Nachfolgend wird die Position der einzelnen Einflussfaktoren ihrer Aktiv- und Passivsumme nach
bestimmt (siehe *Abbildung 13*), die Koordinaten des Durchschnittspunktes der normierten Auswertung

betragen (x,y) = (49,5;49,5). Tendenziell fallen die Wechselwirkungen zwischen den einzelnen Einflussfaktoren in dieser Auswertung schwach aus. Bei nur vier von 34 Einflussfaktoren sind die Aktiv- und Passivsummen höher als der normierte Durchschnittswert, bei zwei Einflussgrößen übersteigt die Aktivsumme den Durchschnittswert. Es ergibt sich nachstehendes Bild (eindeutig impulsive beziehungsweise dynamische Größen sind rot unterlegt):

Abbildung 13:   *Aktiv- und Passivsumme der 34 Einflussfaktoren, normierte Auswertung*

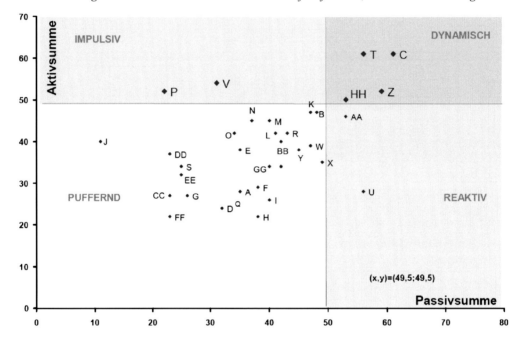

Quelle: Eigene Berechnungen, eigene Darstellung JR-InTeReg.

- Überdurchschnittliche Aktiv- und Passivsummen weisen somit die *Einflussfaktoren Anteil der Beschäftigten im Industriesektor (C), Technologiequote (Z), Wirtschaftsleistung (HH) und Verknappung regionaler Umweltressourcen (T)* auf – diese Einflussgrößen sind **sehr dynamisch** und stark mit allen anderen Variablen innerhalb des Systems verknüpft.

- Sehr **impulsiv** für die weitere Entwicklung des Systems – mit einer überdurchschnittlichen Aktivsumme – sind die *Energiekosten in der Produktion (P)* und die *endogene Nachfrage nach Nachhaltigkeitsprodukten und -technologien (V)*.

Bei der Bestimmung des **gewichteten Durchschnittspunktes** wird die Summe der maximal möglichen Zeilen- beziehungsweise Spaltensummen der Einflussfaktoren mit der Summe der Zeilen- beziehungsweise Spaltensummen gewichtet. Für die 34 Einflussfaktoren gilt demnach:

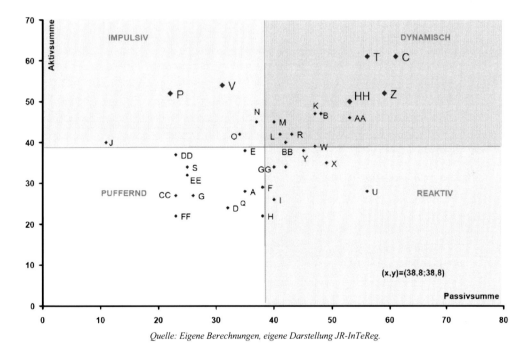

Berechnung gewichteter Durchschnittspunkt:

$$\frac{\Sigma \text{ der Aktivsummen aller n Einflussfaktoren}}{\Sigma \text{ der maximal möglichen n Aktivsummen}} \times \text{Produkt der Anzahl (n-1) an Einflussfaktoren} \times \text{der maximal möglichen Ausprägung eines Faktors in der Einflussmatrix} =$$

$$= \frac{1320}{3366} \times 33 \times 3 = 38{,}8$$

d.h.   **(x,y) = (38,8;38,8)**

Nach der Übertragung der Koordinaten des gewichteten Durchschnittspunktes betragen (x,y) = (38,8;38,8). Es verschieben sich – wie aus Abbildung 14 ersichtlich – die Quadrantengrenzen deutlich. Es ergibt sich folgendes (neues) Bild:

Abbildung 14:   Aktiv- und Passivsumme der 34 Einflussfaktoren, gewichtete Auswertung

Quelle: Eigene Berechnungen, eigene Darstellung JR-InTeReg.

- Gemessen an ihrer Aktiv- und Passivsumme sind acht weitere Einflussfaktoren ihren Spalten- und Zeilensummen nach als **dynamisch** einzustufen, dies gilt für die *Forschungs- und Entwicklungsquote* (W)**,** den *Anteil der Diplomingenieure an unselbständig Beschäftigten* (B)*, Versorgungssicherheit bei Energie* (M)*,* die *Dienstleistungsquote* (AA), die *Anzahl der Patente in den Bereichen erneuerbare Energie und Umwelttechnik* (R)*,* den *Anteil der Beschäftigten im*

Umwelttechnologiebereich (K), *Zuzug (L)* und *wissensintensive Dienstleistungen* (BB).

- Drei zusätzliche Einflussgrößen erreichen eine höhere Aktivsumme als der gewichtete Durchschnittspunkt: Somit sind die Faktoren *Erreichbarkeit mit öffentlichen Verkehrsmitteln im internationalen Vergleich (N)*, *Anteil erneuerbarer Energie am Bruttoinlandsprodukt (O)* und *Anteil der über 60-Jährigen an der Gesamtbevölkerung (J)* impulsiv.

Alle anderen Faktoren sind für die weitere Entwicklung des Gesamtsystems potentiell von untergeordneter Bedeutung und können daher vernachlässigt werden.

4.2 AUSWAHL DER SCHLÜSSELFAKTOREN NACH IMPULS- UND DYNAMIKINDEX

Eine Überprüfung, ob anhand der Auswertung der Aktiv- und Passivsummen tatsächlich die richtigen Einflussfaktoren ausgewählt wurden, erfolgt anhand des Impuls- und Dynamikindex:

- Der **Impulsindex** ist ein Indikator für das Ausmaß der Veränderung, die von einem Einflussfaktor auf das Gesamtsystem ausgeht, ohne dass sich der Einflussfaktor selbst verändert (AS/PS). Bei einem Wert unter 1 übersteigt die Passiv- die Aktivsumme, eher aktive Faktoren weisen Indexwerte von mindestens 1 auf – eine Veränderung dieser Faktoren wirkt auf das Gesamtsystem in einem größeren Ausmaß als auf den Faktor selbst. Bei einem Impulsindex von 2 oder mehr kann von einem starken Einfluss einer Größe auf das System ausgegangen werden (ohne dass sich die Einflussgröße selbst wesentlich ändert). Eher reaktiv sind Faktoren, deren Impulsindex zwischen 0,5 und 1 liegt. Ist die Passivsumme doppelt so hoch wie die Aktivsumme oder höher, ist der Faktor reaktiv – er reagiert viel stärker auf Veränderungen im System ‚als er dessen Veränderungen beeinflussen kann.

- Der **Dynamikindex** misst das Maß der Vernetzung eines Einflussfaktors mit dem Gesamtsystem und wird durch die Multiplikation von Aktiv- und Passivsumme erstellt (AS **x** PS). Als kritisch oder stark im System verankert gelten – bei den in dieser Arbeit zugrundeliegenden Bewertungsmöglichkeiten – Faktoren, deren durchschnittliche Bewertung der Aktiv- und Passivsumme (durchschnittliche Wirkstärke) über 1,5 liegt[13]. Eher kritisch oder durchschnittlich im System verankert sind Einflussfaktoren deren durchschnittliche Wirkstärke (n-1) übersteigt. Für die Berechnung der Quadrantengrenzen gilt daher:

---

[13] Dies entspricht dem Mittelwert der Bewertungsskala [1,3].

$$(n\text{-}1)^2 \times (\phi\ \text{Wirkstärke})^2 = (n\text{-}1)^2 \times x \Rightarrow x = 2{,}25$$

wobei:

$$n = 34 \lor \phi\ \text{Wirkstärke} = 1{,}5$$

d.h.:

$$AS \times PS > (n\text{-}1)^2 \times 2{,}25 \Leftrightarrow \text{Der Faktor ist kritisch oder stark im System verankert}$$

$$(n\text{-}1)^2 \times 2{,}25 > AS \times PS > (n\text{-}1)^2 \Leftrightarrow \text{Der Faktor ist eher kritisch oder}$$

durchschnittlich im System verankert

wobei:

$$n = 34,\ (n\text{-}1)^2 \times 2{,}25 = 2450{,}25,\ (n\text{-}1)^2 = 1089$$

Der jeweilige Impuls- und Dynamikindex der einzelnen Einflussfaktoren sowie die Systemgrenzen der Indizes finden sich in Abbildung 15 (Schlüsselfaktoren sind rot unterlegt, für deren Auswahl siehe nachfolgenden Abschnitt):

Abbildung 15:   Impuls- und Dynamikindex: kritische und dynamische Faktoren

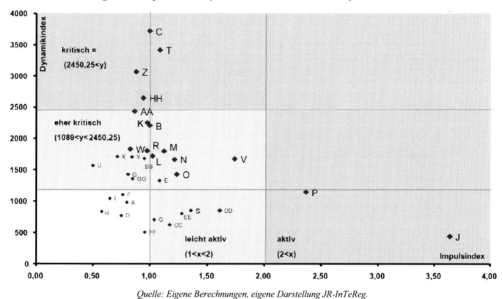

Quelle: Eigene Berechnungen, eigene Darstellung JR-InTeReg.

Für die Auswertung der Aktiv- und Passivsummen sowie die Analyse des Impuls- und Dynamikindexes der einzelnen Einflussfaktoren gilt:

- **Eindeutig kritisch** – und damit von wesentlicher Bedeutung für die Entwicklung des Gesamtsystems – sind aufgrund ihres hohen Dynamikindex der *Anteil der Beschäftigten im Industriesektor* (C), die *Verknappung regionaler Umweltressourcen* (T), die *Technologiequote* (Z) und die Einflussgröße *Wirtschaftsleistung* (HH). Aufgrund eines Impulsindex von über 2 (und damit überdurchschnittlich aktiv) sind die Einflussgrößen *Energiekosten in der Produktion* (P) und *Anteil der über 60-Jährigen an der Gesamtbevölkerung* (J) ebenfalls zu den eindeutig treibenden Kräften im System zu zählen.

- **Eher kritisch** verhalten sich der *Anteil der Diplomingenieure an unselbständig Beschäftigten* (B), der *Zuzug* (L), die *Endogene Nachfrage nach Nachhaltigkeitsprodukten und -technologien* (V), *Versorgungssicherheit bei Energie* (M), *Erreichbarkeit mit öffentlichen Verkehrsmitteln im internationalen Vergleich* (N), der *Anteil erneuerbarer Energie am Bruttoinlandsprodukt* (O) sowie der *Anteil der Beschäftigten im Gesundheitsbereich* (ÖNACE 85) (E). Ihren Aktiv- und Passivsummen nach (gewichtete Auswertung) sind alle diese Einflussfaktoren – bis auf E – entweder dynamisch oder impulsiv – liegen also über den hier definierten Systemgrenzen und sind somit treibende Kräfte im System. Der *Anteil der Beschäftigten im Gesundheitsbereich* (E) wird aufgrund seiner zu geringen Aktiv- und Passivsummen nicht zu den Deskriptoren gezählt.

- Zu hohen Aktiv- und Passivsummen und dadurch einem relativ niedrigen Impulsindex bei einem vergleichsweise hohen (eher kritischen) Dynamikindex kommt es bei den Faktoren *Dienstleistungsquote* (AA), *Anteil der Beschäftigten im Umwelttechnologiebereich* (K), *Anzahl der Patente im Bereich erneuerbarer Energien/Umwelttechnologien* (R), *F&E-Quote* (W) und bei der *Wissensintensiven Dienstleistungsquote* (BB). Diese Faktoren sind **stark im System verankert**, können dieses stark beeinflussen, werden aber auch stark beeinflusst – sie eignen sich als Schlüsselfaktoren. Die *Wissensintensive Dienstleistungsquote* (BB) wird aufgrund der starken gegenseitigen Abhängigkeit jedoch nicht eigens betrachtet, vielmehr wird diese im Folgenden in Zusammenhang mit der *Dienstleitungsquote* (AA) analysiert.

- Einen niedrigen Impulsindex und einen durchschnittlichen (bis an der Quadrantengrenze liegenden) Dynamikindex haben die Einflussgrößen *Positive Einstellung zu Umweltschutzmaßnahmen* (Q), *Energieeinsatz je Wertschöpfungseinheit* (U), *FFF-Quote* (X), *Anteil des Umsatzes von Marktneuheiten am Gesamtumsatz* (Y) und *Erwerbsquote ges*amt (GG). Alle diese Faktoren sind, aufgrund der Werte ihrer Aktiv- und Passivsummen **reaktiv** bis **puffernd** und eignen sich somit nicht für eine weitere Analyse.

- Zudem können, aufgrund einer **eindeutig zu geringen Verankerung** im Gesamtsystem (zu geringer Dynamikindex), die Einflussgrößen *Positive Einstellung zu Sozialausgaben* (G), *Öffentliche intraregionale Verkehrsquote* (S), *Anzahl der Gründungen im Sozial- und Pflegebereich* (DD), *Nächtigungsintensität je Einwohner* (EE) sowie *Arbeitsproduktivität im Dienstleistungssektor* (SS) ausgeschlossen werden.

- Die Faktoren *Anteil der Absolventen von naturwissenschaftlichen und technischen Studienrichtungen* (A), *Anteil der Absolventen von künstlerischen und geisteswissenschaftlichen Studienrichtungen* (D) *Anzahl der Studierenden* (H) und *Flexible Arbeitszeitmodelle* (FF) liegen klar **unter den definierten Grenzen** und können von einer weiteren Analyse ausgespart werden. Die Einflussgrößen *Entwicklung der Einwohnerzahlen absolut* (I) wie auch *Anzahl der über 60-Jährigen im Erwerbsleben* (F) werden im Folgenden nicht eigens betrachtet, vielmehr im Zusammenhang mit *Anteil der über 60-Jährigen an der Gesamtbevölkerung* (J) erfasst.

Abbildung 16: (Mehrfach-) Zuordnung der 16 Deskriptoren zu den Bereichen Mensch, Umwelt und Wirtschaft

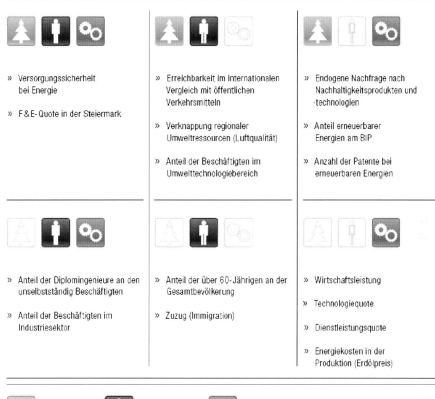

» Versorgungssicherheit bei Energie

» F & E-Quote in der Steiermark

» Erreichbarkeit im internationalen Vergleich mit öffentlichen Verkehrsmitteln

» Verknappung regionaler Umweltressourcen (Luftqualität)

» Anteil der Beschäftigten im Umwelttechnologiebereich

» Endogene Nachfrage nach Nachhaltigkeitsprodukten und -technologien

» Anteil erneuerbarer Energien am BIP

» Anzahl der Patente bei erneuerbaren Energien

» Anteil der Diplomingenieure an den unselbstständig Beschäftigten

» Anteil der Beschäftigten im Industriesektor

» Anteil der über 60-Jährigen an der Gesamtbevölkerung

» Zuzug (Immigration)

» Wirtschaftsleistung

» Technologiequote

» Dienstleistungsquote

» Energiekosten in der Produktion (Erdölpreis)

 Umwelt  Mensch Wirtschaft

Quelle: Eigene Berechnungen, eigene Darstellung JR-InTeReg.

Das ursprüngliche System mit 34 Einflussgrößen kann somit um 18 Faktoren auf nunmehr 16 Schlüsselfaktoren (Deskriptoren) reduziert werden. Aufgrund der unterschiedlich starken Vernetzungen der Deskriptoren zueinander ist eine eindeutige Zuordnung der Schlüsselfaktoren zu den Bereichen Mensch, Umwelt und Wirtschaft kaum möglich, vielmehr kommt es – wie *in Abbildung 16* dargestellt – zu zahlreichen Überschneidungen.

Die in *Tabelle 25* vorgenommene Einteilung der Einflussfaktoren muss nach der Einflussanalyse jedenfalls adaptiert werden, so ist der Deskriptor *Versorgungssicherheit bei Energie* von übergeordneter wirtschaftlicher Bedeutung – und „wandert" vom Umweltbereich zur Wirtschaft. Gleiches gilt für die *Energiekosten in der Produktion* (siehe *Tabelle 27*).

Tabelle 27: Die 16 Deskriptoren der Bereiche Mensch, Umwelt und Wirtschaft

Mensch	Umwelt	Wirtschaft
B. Anteil der Diplomingenieure an unselbständig Beschäftigten	**N.** Erreichbarkeit im internationalen Vergleich mit öffentlichen Verkehrsmitteln	**M.** Versorgungssicherheit bei Energie
C. Anteil der Beschäftigten im Industriesektor	**O.** Anteil erneuerbarer Energie an der Bruttoinlandsproduktion	**P.** Energiekosten in der Produktion
J. Anteil der über 60-Jährigen an der Gesamtbevölkerung	**R.** Anzahl der Patente im Bereich erneuerbarer Energien/ Umwelttechnologie	**W.** F&E-Quote
K. Anteil der Beschäftigten im Umwelttechnologiebereich	**T.** Verknappung regionaler Umweltressourcen	**Z.** Technologiequote
L. Zuzug	**V.** Endogene Nachfrage nach Nachhaltigkeitsprodukten und -technologien	**AA.** Dienstleistungsquote (incl. BB. Wissensintensive Dienstleistungsquote)
		HH. Wirtschaftsleistung (BRP je Einwohner)

Quelle: Eigene Darstellung JR-InTeReg.

4.3 DESKRIPTORENANALYSE

Für ein hochwertiges Szenario ist es zudem unerlässlich, den Verlauf der einzelnen Entwicklungspfade jedes Schlüsselfaktors zu beschreiben, anstatt nur die unterschiedlichen Entwicklungsendpunkte anzugeben. Da die Güte dieser Projektionen die Aussagekraft der Szenarien determiniert, ist diesem Schritt besondere Aufmerksamkeit zu widmen (Gausemeier *et al.* 1996, S. 222 ff.).

Im Folgenden werden die ausgewählten Deskriptoren im Einzelnen dargestellt, beziehungsweise deren Entwicklung in der Vergangenheit analysiert.

4.3.1 Anteil der Diplomingenieure an unselbständig Beschäftigten (B)

Die Beschäftigtenzahlen beziehen sich, wenn nicht anders angegeben, auf sogenannte Standard-Beschäftigte (wie sie auch der HVSV ausweist), d.h. sämtliche unselbständig Beschäftigten mit Ausnahme der geringfügig Beschäftigten. Als Indikator dient der Anteil der unselbständig beschäftigten Diplomingenieure (Universitäts- und Fachhochschulabsolventen) – also jener Personen, die diesen Titel als höchste abgeschlossene Ausbildung führen und auch beim Arbeitgeber angeben – an der Gesamtzahl der Beschäftigten in der Steiermark. Der tatsächliche Anteil der Diplomingenieure an unselbständig Beschäftigten liegt somit wohl (unwesentlich) über dem hier ausgewiesenen (siehe Tabelle 28).

Tabelle 28:   Anteil der Diplomingenieure an den unselbständig Beschäftigten in der Steiermark, in
             Österreich 2004 absolut

Technologische Qualifikationen	Steiermark	Österreich
Zahl der Diplomingenieure (ohne Beamte)	3.349	21.182
Anteil an den gesamtösterreichischen Diplomingenieuren	15,8	100,0
Dipl.-Ing. je 1.000 Beschäftigte (Dipl.-Ing.-Dichte)	7,9	6,9
Dipl.-Ing.-Dichte in der Sachgütererzeugung	14,8	11,0
Dipl.-Ing.-Dichte im Technologiebereich	27,5	22,0
Dipl.-Ing.-Dichte in wissensintensiven UDL	38,1	38,4

Quelle: WIBIS, eigene Darstellung.

4.3.2   Anteil der Beschäftigten im Industriebereich (C)

Untersucht wird die Beschäftigung in der gesamten Sachgütererzeugung (also auch der Unternehmen
mit weniger als 20 Mitarbeitern). Per Definition ist die Sachgütererzeugung (D) der sekundäre Sektor
ohne Bergbau (C), Energie- und Wasserversorgung (E) und das Bauwesen (F). Prognostiziert wird die
Zahl der vollversicherungspflichtigen (Kranken-, Pensions- und Arbeitslosenversicherung)
Beschäftigungsverhältnisse im Produktionsbereich (gesamt).

Tabelle 29: Beschäftigung in der Sachgütererzeugung in der Steiermark, in Österreich, 2007

	Steiermark		Österreich	
	absolut	anteilig	absolut	anteilig
Unselbständig Beschäftigte, alle Branchen	448.364	100,0	3.227.323	100,0
SEKUNDÄRER SEKTOR GESAMT: DAVON	**135.929**	**30,3**	**872.074**	**27,0**
D Sachgütererzeugung gesamt (=100 %) davon …	97.414	71,7	588.448	67,5
… Technologiebereich (ÖNACE-No. 23/24, 29-35)	*35.426*	*36,4*	*208.475*	*35,4*
… 15/16: Nahrungs- und Genussmittel und Getränke	9.811	10,1	72.059	12,2
… 17/18: Textilien und Textilwaren; Bekleidung	3.288	3,4	22.211	3,8
… 19: Ledererzeugung und -verarbeitung	1.618	1,7	4.957	0,8
… 20: Be- und Verarbeitung von Holz	5.885	6,0	35.198	6,0
… 21: Herstellung und Verarb. von Papier und Pappe	5.030	5,2	17.236	2,9
… 22: Verlagswesen und Druckerei	2.726	2,8	24.906	4,2
… 23/24: Chemikalien und chem. Erz.; Kokerei	3.137	3,2	34.234	5,8
… 25: Gummi- und Kunststoffwaren	1.022	1,0	25.377	4,3
… 26: Baustoffe – Glas, Waren aus Steinen und Erden	3.620	3,7	28.936	4,9
… 27/28: Metallerzeugung und -bearbeitung; Metallwaren	23.666	24,3	111.749	19,0
… 29: Maschinenbau	8.854	9,1	74.460	12,7
… 30-33: Elektrotechnik/Elektronik	10.792	11,1	63.706	10,8
… 34/35: Fahrzeugbau, Sonstiger Fahrzeugbau	12.643	13,0	36.075	6,1
… 36/37: Sonstige Erzeugung: Möbel etc.; Recycling	5.322	5,5	37.344	6,3

Quelle: WIBIS, 2007, eigene Darstellung JR-InTeReg.

Insgesamt ist die Beschäftigtenzahl in den Jahren 2001 bis 2007 in der Steiermark konstant, obwohl
von 2001 bis 2006 knapp 1.000 Beschäftigte (jährlich -0,3 %) abgebaut wurden. In Österreich
reduzierte sich die Beschäftigung in diesem Segment im Durchschnitt jährlich um -1,1 %
(Wirtschaftsbericht Steiermark 2006). Im Jahr 2007 sind die Beschäftigungszahlen entgegen dem
allgemeinen Trend wieder auf das Niveau des Jahres 2001 gestiegen. Die derzeitige Wirtschaftskrise

wirkt sich jedoch sehr negativ auf die Sachgütererzeugung aus, womit bis Ende 2010 mit einem Rückgang der Beschäftigung zu rechnen ist. Die Beschäftigungsanteile der Sachgütererzeugung wie auch die absoluten Beschäftigungszahlen nach ÖNACE für Österreich und die Steiermark finden sich in folgender Tabelle.

In nachfolgender Tabelle ist die Beschäftigung in der Sachgütererzeugung in Slowenien dargestellt, welche derzeit auch mit den Auswirkungen der Finanz- und Wirtschafskrise zu kämpfen hat:

Tabelle 30: Beschäftigung in der Sachgütererzeugung in Slowenien, 2007

	Slowenien	
	absolut	anteilig
Unselbständig Beschäftigte, alle Branchen	696.116	100
SEKUNDÄRER SEKTOR GESAMT: DAVON	**272.360**	**31,9**
D Sachgütererzeugung gesamt (=100 %) (ÖNACE-No.) davon ...	206.526	75,8
... *Technologiebereich (DF/DG, DK-DM)*	77.058	37,3
... DA (15/16) of food; beverages and tobacco	14.735	7,1
... DB (16/17) of textiles and textile products	16.897	8,2
... DC (19) of leather and leather products	4.685	2,3
... DD (20) of wood and wood products	9.442	4,6
... DE (21+22) of paper; publishing and printing	12.944	6,3
... DF (23) of coke, petroleum prods.&nuc. Fuel	90	0,0
... DG (24) of chemicals, prod.&man-made fibres	12.244	5,9
... DH (25) of rubber and plastic products	12.656	6,1
... DI (26) of other non-metal mineral products	9.203	4,5
... DJ (27/28) of basic metals & fabricated products	36.734	17,8
... DK (29) of machinery and equipment nec.	25.633	12,4
... DL (30-33) of electrical and optical equipment	26.641	12,9
... DM (34/35) of transport equipment	12.450	6,0
... DN *(36/37) nec.*	12.170	5,9

Quelle: SI-STAT, 2007, eigene Darstellung JR-InTeReg.

4.3.3   Anteil der Beschäftigten im Umwelttechnologiebereich (K)

Der Anteil der Beschäftigten im Umwelttechnologiebereich lässt sich nur schwer abschätzen und kaum quantitativ darstellen. Dies liegt insbesondere an der Komplexität der Branchenstruktur dieses Bereichs. Die Umwelttechnik ist oft nur Segment im Portfolio der Technologieanbieter, zudem ist die Zahl der reinen Umwelttechnologieanbieter im Sinken (Knöppl, 2005), eine klare Abgrenzung dieses Bereichs ist somit kaum möglich, die „Bewertung der Umwelttechnikindustrie eines Landes stellt eine Herausforderung dar" (*ibid.*).

Zu Umsatz und Beschäftigung errechnet Knöppl (2005) einen „Gesamtumsatz der österreichischen Umwelttechnikindustrie von 3,78 Mrd. € und einen Beschäftigungseffekt im Jahr 2003 von 17.200 Personen", gegenüber „11.000 Personen in Beschäftigung im Jahr 1993". Im gleichen Zeitraum konnte der Exportanteil von rund 50 auf 65 % gesteigert werden. Die F&E-Quote in der österreichischen Umwelttechnologie wird im Jahr 2003 auf 5,6 % geschätzt, und liegt somit deutlich über den geschätzten 2 % in der Sachgüterproduktion (*ibid.*).

Diese Zahlen sind jedoch nur grobe Schätzungen und lassen allenfalls auf eine beständig zunehmende Bedeutung der Umwelttechnologie in Österreich schließen. Dieser Deskriptor wird im Folgenden qualitativ analysiert.

4.3.4   Anteil der über 60-Jährigen an der Gesamtbevölkerung (J)

Einerseits ist dieser die Bevölkerungsstruktur betreffende Deskriptor quantitativ leicht fassbar, andererseits wirkt eine Vielzahl verschiedener Einflussgrößen auf diesen Anteil. Zu- beziehungsweise Wegzüge bestimmen die Bevölkerungszahl einer Region gleichermaßen wie die Geburtenrate – diese Größen variieren mitunter jedoch stark und werden zudem von kaum bestimmbaren und nur schwer vorhersagbaren Faktoren wie etwa der Werthaltung (und deren Veränderung im Laufe der Zeit) einer Gesellschaft beeinflusst.

Generell steigt der Anteil der über 60-Jährigen sowohl in der Steiermark als auch in Slowenien, gerade die regionalen Unterschiede sind jedoch beträchtlich. Von Überalterung sind ländliche Regionen weit stärker betroffen als urbane Regionen (was auch für die Regionen des Verdichtungsraums Graz-Maribor gilt (Kirschner, Prettenthaler 2006). Eine Auswertung verfügbarer Bevölkerungsprognosen findet sich in Aumayr, Kirschner (2006).

4.3.5   Zuzug (Immigration) (L)

Abbildung 17:   Wanderungen absolut / Wanderungssalden nach Staatszugehörigkeit und Alter, Steiermark 2007

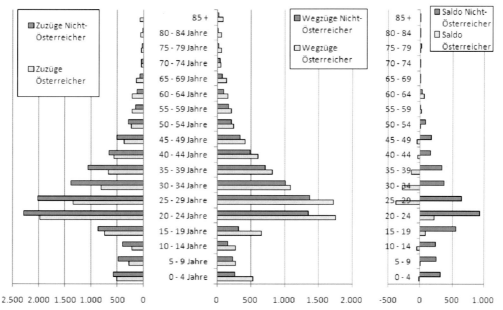

Quelle: STATISTIK AUSTRIA, Wanderungen (Binnen- und Außenwanderung) 2007 nach Gebietseinheiten, Alter, Geschlecht und Staatsangehörigkeit, eigene Darstellung JR-InTeReg.

Der zweite die regionale demographische Entwicklung betreffende Deskriptor analysiert die jährlichen Zu- und Wegzüge innerhalb einer Region – generell sind diese Salden quantitativ fassbar. Große Unterschiede ergeben sich jedoch bei der genaueren Betrachtung der „strukturellen Beschaffenheit" dieser Größe: In der Steiermark konnten 2007 nur aufgrund eines starken Zuzugs von Nicht-Österreichern positive Wanderungssalden erzielt werden. Zwar übersteigen in absoluten Zahlen die Zuzüge bei den Altersgruppen bis 24 Jahre die Abwanderungen sowohl bei Inländern als auch bei Ausländern, in den darüberliegenden Altersgruppen zeichnet sich jedoch ein anderes Bild ab. Gerade im Segment der Altersgruppe zwischen 25 und 44 verlassen mehr Österreicher die Steiermark, die

Salden sind negativ. Anders bei den im Jahre 2007 in die Steiermark zugezogenen Nicht-Österreichern, ist ein Großteil dieser Personen – wie aus *Abbildung 17* ersichtlich – jünger als 30 Jahre.

Neben der Altersstruktur ist insbesondere das Bildungs- bzw. Ausbildungsniveau der in die Region zugewanderten Personen von Bedeutung. Dieses Merkmal ist jedoch nur schwer zu bewerten, da die Schlüsselqualifikationen in jedem Szenario stark variieren (ein Teil dieser Betrachtung ist jedoch schon mit der Untersuchung der bereits angesprochenen Beschäftigungsanteile abgehandelt).

Für die Steiermark ergibt sich im Jahre 2008 ein Wanderungssaldo aus Außen- (+3.552) und Binnenwanderung (+415) von +3.967 Personen.

4.3.6   Erreichbarkeit im internationalen Vergleich mit öffentlichen Verkehrsmitteln (N)

Per Definition sind periphere Regionen Gebietseinheiten mit geringer Erreichbarkeit. Definiert wird Erreichbarkeit über zwei Variablen: Die erste definiert das Verkehrssystem (den Verkehrsträger), die zweite gibt an, was erreicht werden soll. Die Erreichbarkeitsindikatoren sind ein Maß für die Anzahl von Personen beziehungsweise das BRP, das mit öffentlichem Verkehr in einer Region in einer bestimmten Zeit erreicht werden kann (die Werte werden in Prozent des europäischen Durchschnitts angegeben) (*ibid.*).

Als Indikator für diesen Deskriptor dient einerseits der von Schürmann und Talaat (2000) entwickelte *European Peripherality Index*. Innerhalb einer bestimmten Zeit wird von jeder Region aus eine bestimmte Anzahl von Bevölkerung bzw. BIP erreicht, die sich anhand von Reisezeiten mit dem Auto auf dem vorhandenen Verkehrswegenetz errechnet. Die Werte sind dabei "distanzgewichtet", das heißt, dass Köpfe bzw. zu erreichendes BIP (Euro) weniger in den Erreichbarkeitsterm eingehen, je höher die Reisedistanz (zeitlich) ausfällt. Hier sind die Erreichbarkeiten als Index dargestellt, wobei die EU-25 im Durchschnitt den Wert 100 zugeordnet bekommen. Werte unter 100 beschreiben damit eine geringere Erreichbarkeit, Werte über 100 eine bessere als im EU-25 Schnitt. Graphisch dargestellt finden sich diese Werte in den Karten zu *Abbildung 18*.

Weiteres werden zur Darstellung der Veränderung von Erreichbarkeit Zeitkarten erstellt. Ausgehend von den absoluten Entfernungen zweier Punkte in einem zweidimensionalen Raum werden die Abstände dieser Elemente nicht mehr proportional zur räumlichen Distanz, sondern proportional zu den Reisezeiten dargestellt: Bei Veränderung der Reisezeiten verändert sich die Distanz proportional zwischen zwei Punkten – Zeiteinheiten definieren den Kartenmaßstab, nicht Raumeinheiten. In dieser Arbeit dienen die Fertigstellung der Südbahn, also die Vollendung des Semmeringbasistunnels und des Koralmtunnels, beziehungsweise die sich dadurch ergebenden Reisezeitverkürzungen als Indikator. Frequenzen aber auch Kapazitätsauslastungen werden nicht berücksichtigt, diese sind jedoch Hauptargument für den Semmeringbasistunnel. Eine potentielle Erhöhung der (Fahrt-) Frequenzen einer Bahnverbindung hängt maßgeblich von den gegebenen Kapazitäten ab, ausdrücklich limitierend wirken lokale Engpässe, die sich etwa durch die von Carl Ritter von Gehga im Jahre 1854 fertig gestellte Semmeringbahn insbesondere im Güterverkehr ergeben (siehe *Abbildung 19*).

Abbildung 18:   European Peripherality Index, Personen und BIP (EU 27/LebMur)

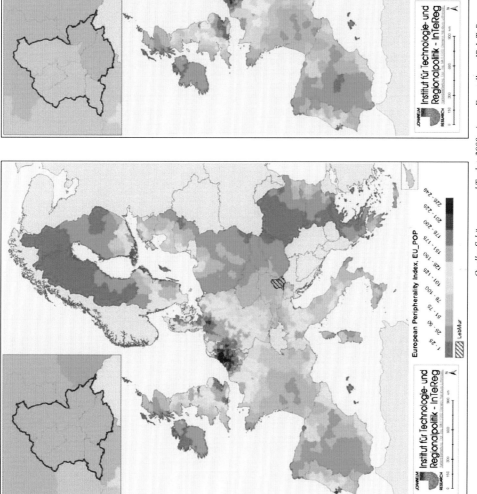

Quelle: Schürmann und Talaat, 2000, eigene Darstellung JR-InTeReg.

Abbildung 19:   Fallbeispiel zur Darstellung von Zeitkarten

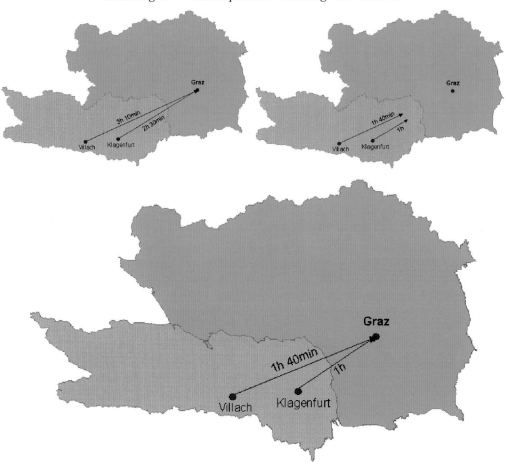

Quelle: ÖBB Fahrplanauskunft, eigene Berechnungen, eigene Darstellung JR-InTeReg.

In ersten Teil von Abbildung 19 sind die derzeitigen Reisezeiten (Bahnverbindungen) Graz-Villach beziehungsweise Graz-Klagenfurt abgebildet. In der zweiten Karte werden diese durch die Richtungspfeile dargestellten Entfernungen entsprechend der durch den Bau des Koralmtunnels entstehenden Zeitersparnis verkürzt. In der durch Zeiteinheiten definierten kartographischen Darstellung „wandern" Klagenfurt und Villach somit in Richtung Graz, das Ergebnis dieser Verschiebung – die Veränderung der Reisedistanzen *von* Graz *nach* Villach/Klagenfurt – findet sich im unteren Teil der Abbildung. Anzumerken bleibt, dass die hier dargestellten Reisezeitverkürzungen nur näherungsweise und für vorherdefinierte Koordinaten dargestellt werden können – bei mehr als drei Wegstrecken (Ortschaften) kommt es bei einer Verschiebung der Koordinaten in Richtung Ausgangspunkt zu Verzerrungen der Reisezeiten zwischen den einzelnen Ortschaften – die Fahrtdauer zwischen diesen Punkten entspricht nicht mehr deren (geometrischen) Abstand.

4.3.7   Anteil erneuerbarer Energien an der Bruttoinlandsproduktion (O)

Der Anteil von erneuerbarer Energie am Gesamtverbrauch in Österreich ergibt sich aus der Summe der abgeleiteten Energieträger, die unter Einsatz der nachfolgend genannten erneuerbaren Primärenergieträger in einem Jahr produziert wurde (siehe *Abbildung 20*).

Abbildung 20:   Energieverbrauch der privaten Haushalte nach Energieträgern, Steiermark, 2004

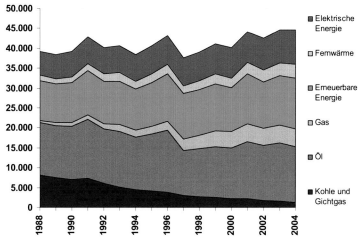

Quelle: STATISTIK AUSTRIA, Energiebilanzen Stmk., eigene Darstellung, JR-InTeReg.

Erneuerbare Energien werden über die jeweilig verwendeten Primärenergieträger definiert. Unterschieden wird in (Statistik Austria, 2004):

- **fossile Energieträger:** Steinkohle, Braunkohle, Brenntorf, Erdöl und Naturgas.

- **erneuerbare Energieträger:** Brennholz, Hackschnitzel, Sägenebenprodukte, Waldhackgut, Rinde, Stroh, Ablauge der Papierindustrie, Biogas, Klärgas, Deponiegas, Klärschlamm, Rapsmethylester, Tiermehl und -fett, Energie aus Wärmepumpen, geothermische Energie, Solarwärme, Solarstrom, Windkraft, Wasserkraft, Müll und sonstige Abfälle.

Aus den Primärenergieträgern ergeben sich im Produktionsprozess die abgeleiteten Energieträger, unterschieden wird in elektrische Energie, Fernwärme, Braunkohlenbriketts, Koks, Benzin (Dieselkraftstoff und Petroleum), Öl (Heiz- und Gasöl für Heizzwecke), sonstige Produkte der Erdölverarbeitung (und sonstiger Raffinerieeinsatz) und Gas (Flüssig-, Raffinerierest-, Misch-, Gicht- und Kokereigas). Da über die abgeleiteten Energieträger selbst nicht zwingend auf die jeweiligen Primärenergieträger geschlossen werden kann (für Braunkohlenbriketts und Koks mag dies möglich sein, für elektrische Energie hingegen nicht), wird erneuerbare Energie über die Primärenergieträger definiert. Weiters muss angemerkt werden, dass von Primärenergieträgern nicht auf etwaige negative oder positive Auswirkungen auf die Umwelt selbst geschlossen werden kann. Per Definition wird lediglich in erneuerbar und nicht erneuerbar (fossil) unterschieden. Ob die Umwelteinflüsse, die im Produktionsprozess von Energie auftreten, nachhaltig sind (oder als solches betrachtet werden), spielt in dieser Definition von erneuerbaren Energien keine Rolle. So kommen beispielsweise in den Reglements für von Umweltorganisationen vergebene Zertifikate für „grünen" Strom weit strengere und enger gefasste Definitionen von „erneuerbar" (im Sinne von nachhaltig) zur Anwendung (Markard *et al.*, 2000). Auf die Bedeutung von Atomstrom – und inwieweit dieser eine erneuerbare Energiequelle ist – wird in dieser Arbeit nicht weiter eingegangen.

4.3.8   Anzahl der Patente im Bereich erneuerbare Energien (R)

Als Indikator dienen Daten über die „patent applications" also Patentanträge – und nicht Daten über vergebene Patente („patents granted") des European Patent Office (EPO). Die Aussagekraft dieses Indikators ist jedoch beschränkt, nicht zuletzt da aufgrund der Patentanmeldungen nicht direkt auf die tatsächlichen „intangible assets" geschlossen werden kann – es wird lediglich aufgezeigt, wie viele Unternehmen Interesse daran haben, ihr geistiges Eigentum zu schützen. Diese in *Abbildung 21* dargestellten Zahlen sind demnach als Aktivitätsindikator zu interpretieren – und deshalb als Innovationsindikator geeignet.

Abbildung 21:   Patentanmeldungen in Österreich/Slowenien/Steiermark

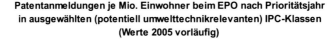

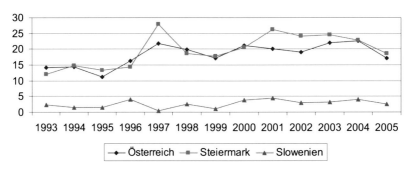

Quelle: EUROSTAT, eigene Darstellung JR-InTeReg.

Innerhalb der Internationalen Patentklassifikation (IPC) gibt es acht Sektionen, 120 Klassen, 628 Unterklassen sowie ca. 69.000 Gruppen. Patente werden in sogenannte Patentfamilien eingeteilt, um Patente mit gleichen technischen Merkmalen einer Erfindung auch in die gleiche Klasse einzuteilen. Patentanmeldungen nach IPC-Klassen sind jedoch kaum vergleichbar – die verschiedenen Klassen repräsentieren unterschiedliche Produkte und Märkte, die Bedingungen und Anreize in diesen Märkten sind wiederum sehr unterschiedlich, so sind in manchen Märkten Patente nicht üblich, in manchen eher österreichische Patente, in manchen internationale Anmeldungen. Auch kommt es bei der Aggregation von Patenten innerhalb verschiedener IPC-Klassen immer zu Verzerrungen.

- So kann die Auswahl der umwelttechnischen Relevanz eigentlich kaum nach IPC-Klassen erfolgen, sondern nur anhand der jeweiligen patentspezifischen Einzeldaten. Die Auswahl der relevanten IPC-Klassen ist schwierig – auch wenn die richtige IPC-Klasse gewählt wird, werden immer relevante und nicht relevante Patentanträge innerhalb einer IPC-Klasse gezählt, was wiederum zu Verzerrungen führt.

- So hat in vielen Branchen die Praxis von Patentierungen stark zugenommen (auch ohne entsprechende Zunahme der Wissensgenerierung). Eine Steigerung der Anzahl an Patenten innerhalb einer Klasse sagt deshalb nicht automatisch etwas über eine wachsende Bedeutung dieser IPC-Klasse aus.

4.3.9   Verknappung regionaler Umweltressourcen (Luftqualität) (T)

Hier wird die Anzahl der Tage, an denen der maximal zulässige Grenzwert von Feinstaub (PM10) überschritten wird, gezählt (Anzahl Tage > 50 µg/m³, siehe *Abbildung 22*). Die als Feinstaub (PM10) bezeichnete Staubfraktion enthält 50 % der Teilchen mit einem Durchmesser von 10 µm. Im Jahr 2006 verursachten die Industrie 38,7 %, der Kleinverbrauch (Feuerungsanlagen) 24,9 %, der Verkehr 19,3 % und die Landwirtschaft 12,4 % aller Emissionen. Etwa 5 % der Gesamtemissionen waren der Energieversorgung zuzurechnen. Im Vergleich mit den letzten Jahren verzeichnete das Jahr 2007 im Durchschnitt allerdings eine sehr niedrige Feinstaub-Belastung. Dies ist vor allem auf den überaus milden Winter 06/07 zurückzuführen (Umweltbundesamt 2009).

Abbildung 22:   Anzahl Tage PM10 > 50 µg/m³, 2002-2009*

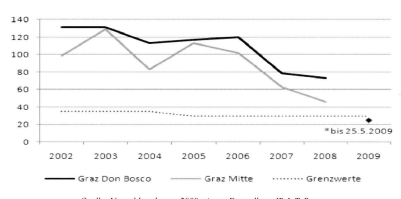

Quelle: Umweltbundesamt 2009, eigene Darstellung JR-InTeReg.

Aufgrund der Emissionsanteile kann jedoch nicht auf die lokale Feinstaubbelastung einer Region geschlossen werden, so ist der Anteil des Verkehrs in urbanen Gebieten weit höher als in ländlichen Regionen. Der industrielle Anteil hat meist nur einen begrenzten lokalen Einfluss (*ibid.*). Auch tragen die vorherrschenden Wetterlagen wesentlich zur Verteilung der Emissionen bei – diese werden auch importiert. Als Hauptverursacher der hohen Feinstaubbelastungen in städtischen Regionen sind neben ungünstigen Wetterlagen Verkehr und Kleinverbraucher (Hausbrand) auszumachen.

4.3.10   Endogene Nachfrage nach Nachhaltigkeitsprodukten und -technologien (V)

Dieser Deskriptor wird qualitativ verwendet, da sich für die sektorale Nachfrage nach Nachhaltigkeitsprodukten und -technologien dieselben Probleme wie bei der Bestimmung der Beschäftigungsanteile in diesem Wirtschaftsbereich ergeben (daher ist eine Zuordnung der Nachfrage nach ÖNACE-Nomenklatur kaum möglich).

4.3.11   Versorgungssicherheit bei Energie (M)

Eine „sichere, ausreichende, kostengünstige, umwelt- und sozialverträgliche Energieversorgung" ist das übergeordnete Ziel der steirischen Energiepolitik (Landesenergieplan 2005-2015; Kirschner, Prettenthaler 2007). Die Versorgungssicherheit bei Energie hängt einerseits stark mit der strukturellen Beschaffenheit der regionalen, aber auch europäischen Produktionsmöglichkeiten (Kapazitäten) zusammen. Mit dem positiven Bescheid des Umweltsenats (März 2007) für die 380-kV Leitung in der

Steiermark und im Burgenland kann der Lückenschluss der bestehenden Ringleitung in mittlerer Frist behoben werden – eine Grundvoraussetzung für ausreichende Energieversorgungssicherheit in der Steiermark. *Abbildung 23* zeigt die Entwicklung des sektoralen Energieendverbrauchs der Periode 1998-2004.

Abbildung 23:   *Sektoraler energetischer Endverbrauch (HH), Steiermark in Terajoule (10^{12} Joule)*

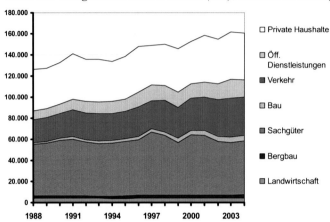

Quelle: STATISTIK AUSTRIA, Energiebilanzen Stmk., eigene Darstellung JR-InTeReg.

Die bei weitem höchsten absoluten Zuwächse verzeichnete der Verkehr (+14.658 Terajoule, oder +68 %) gefolgt von Öffentlichen Dienstleistungen (+7.598 Terajoule, oder +89 %) und den privaten Haushalten (+5.285 Terajoule, oder +13 %). Die eingesetzten Energieträger werden mit der Analyse des Anteils der erneuerbaren Energien an der Bruttoinlandsproduktion (R) abgehandelt.

Dieser Deskriptor wird maßgeblich von der strukturellen Beschaffenheit der regionalen, nationalen, aber auch europäischen Produktionsmöglichkeiten sowie durch die regionalen, nationalen und europäischen Leitungskapazitäten bestimmt. Zudem ist kaum ein Land, geschweige denn eine Region, in seiner Energieversorgung autark. Auch spielen zahlreiche, nur schwer erfassbare und kaum prognostizierbare, externe Einflüsse eine bedeutende Rolle – wie unter anderem der Gasstreit zwischen der Russischen Föderation und der Ukraine gezeigt hat.

4.3.12   Energiekosten in der Produktion (Erdölpreis) (P)

Dass steigende Energiekosten in der Produktion das Wirtschaftswachstum maßgeblich senken können, steht außer Frage. Allfällige Auswirkungen, die ein Ansteigen dieser Faktorkosten in der Produktion mit sich bringt, lassen sich jedoch nur schwer prognostizieren, nicht zuletzt aufgrund des stark variierenden Energieeinsatzes im Produktionsprozess der jeweiligen Produktionsbereiche. Zudem hängen Wechselwirkungen, wie die Auswirkungen steigender Ölpreise auf die Kosten anderer Energieträger, aber auch branchenspezifische Substitutionsmöglichkeiten, stark vom jeweiligen Stand der Technik im jeweiligen Produktionsbereich ab. Der durch den Verbraucherpreis bereinigte Energiepreisindex ist (realer EPI) seit 1970 nur unwesentlich gestiegen und liegt heute unter den Werten der ersten Hälfte der 1980er Jahre. Die aktuelle Wirtschaftskrise war hauptverantwortlich dafür, dass es 2009 zu einem Preiseinbruch nach den Rekordwerten von 2008 kam.

4.3.13 Forschung & Entwicklung (W)

Als Indikator wurde die F&E-Quote in der Steiermark, also die gesamten öffentlichen und privaten Aufwendungen für Forschung und Entwicklung nach dem Unternehmensstandortsprinzip, gewählt. In diesem Bereich nimmt die Steiermark ohne Zweifel eine – im österreichischen, aber auch europäischen Vergleich – Sonderstellung ein. Bereits 2002 war es gelungen, die von der Union in Göteborg beschlossenen Ziele (F&E-Quote von 3,5 %) zu übertreffen. Der Anstieg der Ausgaben für Forschung und Entwicklung übertraf das hohe Wachstum des BRP in der Periode von 2004 bis 2006.

Abbildung 24:   F&E-Quoten 2002/2004/2006 in Österreich und in der Steiermark

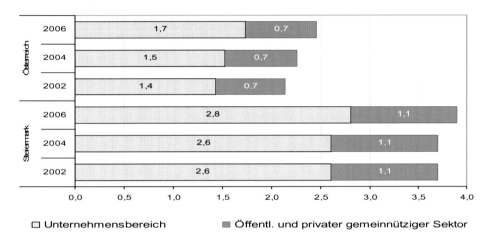

Quelle: STATISTIK AUSTRIA, F&E-Erhebungen der Berichtsjahre 2002, 2004 und 2006, eigene Darstellung JR-InTeReg.

Im Jahr 2007 errechnete sich für Slowenien eine F&E-Quote von 1,45 %, in den Jahren 2005 und 2006 betrug diese noch 1,49 % bzw. 1,59 % (SI-Stat). Der anteilsmäßige Rückgang beruht in Slowenien vor allem auf einem überdurchschnittlichen Wachstum des Bruttoinlandsproduktes.

4.3.14 Wirtschaftsleistung (HH)

Als Indikator wurde das Bruttoregionalprodukt gewählt: Das Bruttoregionalprodukt (BRP) ist die regionale Entsprechung zu einem der wichtigsten Aggregate der volkswirtschaftlichen Gesamtrechnungen, dem Bruttoinlandsprodukt (BIP). Das BRP ergibt sich aus den regionalen Bruttowertschöpfungen der durch wirtschaftliche Tätigkeit zusätzlich geschaffenen Werte. Das BRP wird wie das BIP zu Marktpreisen bewertet.

4.3.15   Technologiequote (Z)

Quantitativ erfassbar ist die Beschäftigungsentwicklung des Technologiebereichs innerhalb der Sachgütererzeugung, dieser umfasst ÖNACE 23/24 und 29-35. Prognostiziert wird die Zahl der vollversicherungspflichtigen (Kranken-, Pensions- und Arbeitslosenversicherung) Beschäftigungsverhältnisse im Technologiebereich (gesamt).

Tabelle 31:   Beschäftigung im Technologiebereich der Sachgütererzeugung 2007 absolut

	Steiermark	**Österreich**	**Slowenien**
	absolut	**absolut**	**absolut**
Unselbständig Beschäftigte, alle Branchen DAVON	448.364	3.227.323	696.116
... Technologiebereich (ÖNACE 23/24, 29-35)	**35.426**	**208.475**	**77.058**
... 23/24: Chemikalien und chem. Erz.; Kokerei	3.137	34.234	12.335
... 29: Maschinenbau	8.854	74.460	25.633
... 30-33: Elektrotechnik/Elektronik	10.792	63.706	26.641
... 34/35: Fahrzeugbau, Sonstiger Fahrzeugbau	12.643	36.075	12.450

Quelle: WIBIS, SI-STAT, 2007; eigene Darstellung JR-InTeReg.

4.3.16   Dienstleistungsquote (AA)

Indikator ist hier einerseits die Anzahl der Beschäftigten im Dienstleistungssektor (gesamt), andererseits wird die Beschäftigungsentwicklung im Bereich der wissensintensiven Dienstleistungen (ÖNACE 72, 73, 74.1-74.4) untersucht.

Tabelle 32:   Beschäftigung im DL-Sektor in der Steiermark/in Österreich 2007 absolut und anteilig

	Steiermark		Österreich	
	absolut	anteilig	absolut	anteilig
TERTIÄRER SEKTOR GESAMT: DAVON	307.431	68,6	2.326.826	72,1
G Handel und Lagerung	72.915	23,7	524.668	22,5
H Beherbergungs- und Gaststättenwesen	19.966	6,5	168.225	7,2
I Verkehr und Nachrichtenübermittlung	24.387	7,9	219.553	9,4
J Kredit- und Versicherungswesen	12.778	4,2	110.925	4,8
K Wirtschaftsdienste gesamt	40.250	13,1	348.771	15,0
... Wissensintensive UDL (ÖNACE 72, 73, 74.1-74.4) davon	19.871	49,4	160.071	45,9
... 70/71: Realitätenwesen; Vermietung	5.094	12,7	48.272	13,8
... 72: Datenverarbeitung und Datenbanken	3.916	9,7	36.585	10,5
... 73/74: unternehmensbez. DL; Forschung/Entwicklung	31.240	77,6	263.914	75,7
L-Q Öff. Verwaltung, Unterricht, Gesundheit, Sonst. DL	137.135	44,6	954.684	41,0

Quelle: WIBIS, eigene Darstellung JR-InTeReg.

Prognostiziert wird die Zahl der vollversicherungspflichtigen (Kranken-, Pensions- und Arbeitslosenversicherung) Beschäftigungsverhältnisse im Dienstleistungssektor (gesamt). Die Beschäftigungszahlen wie auch -anteile im Dienstleistungssektor Sloweniens finden sich in nachfolgender Tabelle, für den Bereich der wissensintensiven Dienstleistungen sind keine vergleichbaren Daten verfügbar.

Tabelle 33: Beschäftigung im DL-Sektor in Slowenien 2007 absolut und anteilig

	Slowenien	
	absolut	anteilig
TERTIÄRER SEKTOR GESAMT: DAVON	418.067	60,1
G Handel und Lagerung	94.132	22,5
H Beherbergungs- und Gaststättenwesen	19.122	4,6
I Verkehr und Nachrichtenübermittlung	41.947	10,0
J Kredit- und Versicherungswesen	21.740	5,2
K Wirtschaftsdienste gesamt	63.653	15,2
L-O. Öff. Verwaltung, Unterricht, Gesundheit, Sonst. DL	177.473	42,5

Quelle: SI-STAT, 2007, eigene Darstellung JR-InTeReg.

4.4   EUROPÄISCHE RAHMENSZENARIEN ALS DESKRIPTOR

Die Verwirklichung europäischer Rahmenszenarien, wie in B4 beschrieben, wird methodisch wie ein Deskriptor behandelt. Zudem wurden aber (siehe Kapitel 5) jeder Projektion der Deskriptoren korrespondierende Detailausprägungen verschiedener europäischer und internationaler Szenarienprojekte zugeordnet. Da die wirtschaftliche, soziale, kulturelle sowie politische Zukunft des Verdichtungsraums Graz-Maribor maßgeblich von den auf europäischer Ebene stattfindenden Entwicklungen geprägt ist, werden aufbauend auf der rezenten Literatur europäischer Szenarioprojekte relevante Schlüsseldeskriptoren der europäischen Entwicklung identifiziert und unterschiedlichen Projektionen zugeordnet. Details zu den Schlüsseldeskriptoren sowie den Projektionen finden sich bei Höhenberger, Prettenthaler (2007). Im Folgenden werden die daraus abgeleiteten drei Szenarien in Kurzform dargestellt:

- **Triumph der globalen Märkte:** Die Liberalisierung und Deregulierung der Märkte setzt sich fort. Die Arbeitslosenrate sinkt aufgrund steigender Arbeitskräftemobilität und der massiven Kürzung der Arbeitslosenunterstützung. Die Institutionen der Europäischen Union beschränken sich auf die Unterstützung wirtschaftlicher Interessen. Hohe Forschungs- und Entwicklungsausgaben sowie die starke Fokussierung auf die Entwicklung des Hochtechnologiesektors sichern Wettbewerbsvorteile gegenüber den asiatischen Konkurrenten. Das Wirtschaftswachstum in der Union ist sehr heterogen verteilt – aufgrund der schlechten Erreichbarkeit der Peripherien profitieren vorwiegend die Stadtregionen und deren unmittelbares Umland von der weltweit hohen Wirtschaftsdynamik. Aufgrund der Ignoranz gegenüber den steigenden Umweltproblemen werden nachhaltiges Wirtschaften und umweltschonender Konsum weiterhin vernachlässigt.

- **Kulturerbe Europa**: Das Vorantreiben der sozialen und wirtschaftlichen Kohäsion innerhalb Europas stellt das vorrangige wirtschaftspolitische Ziel dar. Die Entwicklung des ländlichen Raums und die dafür notwendigen Infrastrukturausgaben stehen im Mittelpunkt der strategischen Überlegungen der Union. Aufgrund der geringen Arbeitskräftemobilität innerhalb der Union bleibt die Arbeitslosenrate auf dem derzeitigen Niveau. Insgesamt ist ein Strukturwandel zu beobachten, aus dem Europa als Dienstleistungs-, Tourismus- und Kulturstandort hervorgeht und massive Produktionsverlagerungen nach Asien in Kauf nimmt. Die europäische Wirtschaft hat damit auf die durch die Überalterung der europäischen Gesellschaft veränderte Nachfragestruktur reagiert. Radikale technologische Durchbrüche finden aufgrund der geringen Risikobereitschaft und der mangelnden Technikakzeptanz in der Bevölkerung kaum statt. Die Innovationspolitik beschränkt sich vielmehr darauf, die Bedürfnisse der alternden Gesellschaft im Pharma- und Biotechnologiebereich zu befriedigen.

- **Zeitalter der Nachhaltigkeit**: Durch die Einführung international verpflichtender Umweltstandards wird die Nutzung erneuerbarer Energieträger sowie biologischer Rohstoffe in der Produktion forciert. Dadurch gelingt es, einerseits das Wirtschaftswachstum in Europa vom Energieverbrauch zu entkoppeln, andererseits wird dadurch die Erforschung von neuen Technologien zur Energiegewinnung aus erneuerbaren Energien sowie zur Reduktion des Ressourcenverbrauchs vorangetrieben. Dies begründet die Technologieführerschaft Europas neu – Europa exportiert nachhaltige Technologien weltweit. In der Verkehrspolitik wird dem Ausbau der Schiene gegenüber der Straße Priorität gegeben; vor allem wird dabei in die bessere Erreichbarkeit der Peripherien investiert.

4.5   DIE KORRELATIONSMATRIX

Lineare Zusammenhänge zwischen den einzelnen Schlüsselfaktoren lassen sich über die in *Tabelle 34* dargestellte Korrelationsmatrix aufzeigen. Der Korrelationskoeffizient eines Faktors zu sich selbst ist stets 1 – daher besteht die Hauptdiagonale der Korrelationsmatrix aus lauter Einsen. Für die Berechnung der Korrelationsmatrix gilt:

$$
\begin{array}{|l|}
\hline
\text{Die Korrelation } p_{ij}, \text{ zwischen } X_i \text{ und } X_j \text{ ergibt sich aus:} \\
p_{ij} = \dfrac{\sigma_{ij}}{\sqrt{\sigma_{ii}\sigma_{jj}}}, \text{ wobei:} \\
\sigma_{ij} = \mathrm{Cov}(X_i, X_j) \text{ und } \sigma_{ii} = \mathrm{Cov}(X_i, X_i) = V(X_i) \\
\hline
\end{array}
$$

Tabelle 34: Korrelationsmatrix

Spaltenbezeichnungen (entsprechend der Zeilenreihenfolge):
(1) F&E-Quote; (2) Anteil der Diplomingenieure an unselbständig Beschäftigten; (3) Versorgungssicherheit bei Energie; (4) Anteil der Beschäftigten im Industriebereich; (5) Technologiequote; (6) Dienstleistungsquote; (7) Erreichbarkeit mit öffentlichen Verkehrsmitteln im internationalen Vergleich; (8) Anteil erneuerbarer Energie am Bruttoinlandsprodukt; (9) Energiekosten in der Produktion; (10) Anzahl der Patente im Bereich erneuerbare Energie/Umwelttechnologie; (11) Wirtschaftsleistung; (12) Anteil der über 60-Jährigen an der Gesamtbevölkerung; (13) Verknappung regionaler Umweltressourcen; (14) Anteil der Beschäftigten im Umwelttechnologiebereich; (15) endogene Nachfrage nach Nachhaltigkeitsprodukten und -technologien; (16) Zuzug

	(1)	(2)	(3)	(4)	(5)	(6)	(7)	(8)	(9)	(10)	(11)	(12)	(13)	(14)	(15)	(16)
F&E-Quote	1,00															
Anteil der Diplomingenieure an unselbständig Beschäftigten	0,24	1,00														
Versorgungssicherheit bei Energie	0,07	-0,22	1,00													
Anteil der Beschäftigten im Industriebereich	-0,02	0,02	-0,07	1,00												
Technologiequote	0,34	0,26	0,45	0,59	1,00											
Dienstleistungsquote	0,04	-0,13	0,18	-0,29	-0,15	1,00										
Erreichbarkeit mit öffentlichen Verkehrsmitteln im internationalen Vergleich	-0,11	-0,26	0,12	-0,11	-0,15	0,13	1,00									
Anteil erneuerbarer Energie am Bruttoinlandsverbrauch	0,37	0,15	0,55	0,08	0,46	-0,04	0,08	1,00								
Energiekosten in der Produktion	0,00	0,25	0,29	0,01	0,19	-0,19	-0,19	0,73	1,00							
Anzahl der Patente im Bereich erneuerbare Energie/Umwelttechnik	0,56	0,14	0,27	0,09	0,56	-0,44	-0,08	0,75	0,38	1,00						
Wirtschaftsleistung	-0,46	0,17	-0,12	0,45	0,15	-0,10	-0,34	-0,11	0,50	-0,33	1,00					
Anteil der über 60-Jährigen an der Gesamtbevölkerung	-0,32	-0,45	-0,10	-0,11	-0,68	0,05	-0,21	-0,18	0,06	-0,46	0,26	1,00				
Verknappung regionaler Umweltressourcen	-0,31	0,00	0,67	-0,02	0,14	-0,21	0,37	0,28	0,19	0,14	0,03	-0,15	1,00			
Anteil der Beschäftigten im Umwelttechnologiebereich	0,50	0,34	0,51	0,19	0,73	-0,10	-0,02	0,62	0,36	0,50	-0,13	-0,42	0,14	1,00		
endogene Nachfrage nach Nachhaltigkeitsprodukten und -technologien	0,17	-0,09	0,75	-0,07	0,34	0,03	-0,35	0,62	0,21	0,58	-0,30	0,05	0,38	0,38	1,00	
Zuzug	-0,54	-0,45	0,17	-0,10	-0,52	0,34	-0,19	-0,22	0,00	-0,50	0,30	0,49	0,26	-0,63	0,01	1,00

Quelle: eigene Berechnungen, eigene Darstellung JR-InTeReg.

In *Abbildung 25* werden die oben genannten Korrelationen ihrer Wirkrichtung nach bildlich dargestellt. Der Stärke der Korrelation nach wurden vier Gruppen gebildet, negative Werte sind mit einem sich in einem Oval befindlichen Minus gekennzeichnet. Die höchsten Korrelationen finden sich augenscheinlich im Bereich der Deskriptoren für *Umwelt*:

Abbildung 25:   Korrelationsmatrix graphisch

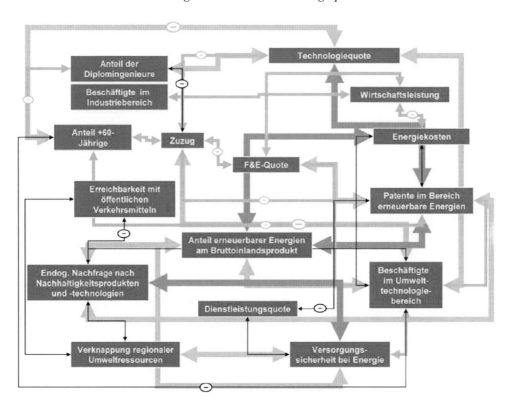

wobei:

0,35 ≤ Korr.< 0,45:	
0,45 ≤ Korr.< 0,55:	
0,55 ≤ Korr.< 0,7:	
Korr.> 0,7:	

Quelle: Eigene Darstellung JR-InTeReg.

5 Die Projektionen

Nach der Reduktion der Einflussfaktoren um nicht kritische Faktoren werden jedem noch verbliebenen Deskriptor (den sogenannten Schlüsselfaktoren) mögliche Entwicklungspfade (in den Regionen des Verdichtungsraums Graz-Maribor) zugeordnet. Eine Projektion ist eine (von mehreren) in die Zukunft projizierten, wahrscheinlichen möglichen Entwicklungen, die ein Deskriptor einnehmen kann, wobei die a priori Wahrscheinlichkeit des Eintritts dieser Entwicklung angegeben werden kann und für die Szenarienentwicklung verwendet wird.

Abbildung 26:   Beispiel Projektionen

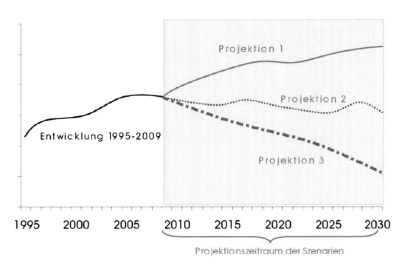

Quelle: Eigene Berechnungen, eigene Darstellung JR-InTeReg.

Eine Projektion unterscheidet sich definitorisch klar von einer Prognose. Letztere ist eine „Aussage über zukünftige Ereignisse […] beruhend auf Beobachtungen der Vergangenheit und auf theoretisch fundierten objektiven Verfahren. Grundlage jeder Prognose ist eine allgemeine Stabilitätshypothese, die besagt, dass gewisse Grundstrukturen in der Vergangenheit und Zukunft unverändert wirken." (Gabler 1997, 3701). Im Falle einer Projektion wird gerade von der allgemeinen Stabilitätshypothese abgegangen – aufgrund des langfristigen Analysezeitraums können und müssen (gravierende) strukturelle Veränderungen im Gesamtsystem des untersuchten Objekts in Betracht gezogen werden.

Demnach wird im Falle einer (direkten) Prognose auf Basis der vergangenen Entwicklung einer (oder mehrerer) Variable(n) die zukünftige Entwicklung abgeschätzt. Projektionen hingegen bilden neben (oder ergänzend zu) einer „Vorhersage einer zukünftigen Entwicklung" auch mögliche beziehungsweise geschätzte Wirkungszusammenhänge zwischen den einzelnen Variablen (die nicht zwingend quantitativ fassbar sein müssen) ab:

[...] one clearly cannot be satisfied with linear or simple projections: a range of futures must be considered. One may try to affect the likelihood of various futures by decisions made today, but in addition one attempts to design programs able to cope more or less well with possibilities that are less likely but that would present important problems, dangers, or opportunities if they materialized.

(Kahn, Wiener 1967)

Grundlage der Beurteilung dieser Wechselwirkungen sind neben theoretisch fundierten, objektiven (Prognose-) Verfahren auch subjektive Annahmen – um potentiell mögliche Trendbrüche und deren Auswirkungen auf das gesamte System analysieren zu können.

Den Ausgangspunkt für die Formulierung der einzelnen Projektionen zu den Deskriptoren bildeten neben JR-internen Expertenworkshops wiederum die Analyse des Status quo der Regionen des Verdichtungsraums Graz-Maribor (Kirschner, Prettenthaler 2006), die Auswertung bestehender Prognosen (Aumayr, Kirschner 2006), die Rahmenbedingungen der gemeinsamen Entwicklung (Kirschner, Prettenthaler 2007) sowie die rezente Literatur europäischer Szenarioprojekte (Prettenthaler, Schinko 2007).

5.1   DIE PROJEKTIONEN ZU DEN 16 DESKRIPTOREN

Projektionen sind Ausprägungen, die ein Deskriptor potentiell einnehmen kann. So kann beispielsweise der Anteil der Diplomingenieure an den unselbständig Beschäftigten steigen, sinken oder gleichbleiben. Generell kann ein Deskriptor beliebig viele Ausprägungen einnehmen; von Interesse sind jedoch, wie sich noch zeigen wird, nur die wahrscheinlichsten (was die Anzahl der hier beschrieben Projektionen auf drei bis vier reduziert).

Zu den einzelnen Ausprägungen der Schlüsselfaktoren werden erste Erklärungen zur jeweiligen Projektion formuliert. So steigt der oben erwähnte Anteil an Diplomingenieuren aufgrund eines Ausbildungsschwerpunktes an der Technischen Universität Graz, der wiederum Ausgangspunkt für verstärkte Betriebsansiedlungen im Raum LebMur war. Ein mögliches Sinken des Anteils an Diplomingenieuren wird durch eine fehlende internationale Positionierung der TU Graz begründet. Diese Formulierungen dienen der besseren Verständlichkeit, vor allem in Bezug auf die im folgenden Abschnitt vorgenommene Konsistenzanalyse – die Interpretation der Projektionsausprägung bildet die Szenarienanalyse. Zudem erlaubt diese Vorgehensweise eine bessere Abgrenzung der einzelnen Szenarien, so kann nicht nur eine quantitative Veränderung eines Indikators analysiert werden (beispielsweise ein Sinken oder Steigen), vielmehr lassen sich auch strukturelle Veränderungen (qualitativ) darstellen. So steigt die Wirtschaftsleistung in den Projektionen 1 und 3 an, im ersten Fall aber vor allem in urbanen Regionen bei einer anhaltenden Strukturschwäche in den ländlichen Regionen, in der letzteren Projektion gelingt ein Ausgleich von Stadt und Land.

Die hier formulierten Projektionen der Schlüsselfaktoren wurden zudem in Kontext zu den als Deskriptor definierten europäischen Rahmenszenarien gesetzt. So sich in der Szenarienliteratur korrespondierende Ausprägungen finden, ist dies in den nachfolgenden Tabellen in der Zeile „Plausible Entwicklung der Rahmenbedingungen auf europäischer Ebene" vermerkt.

Tabelle 35: Projektionen zu den Deskriptoren Bereich Mensch

Deskriptor	Projektion 1	Projektion 2	Projektion 3	Projektion 4
K. Anteil der Beschäftigten im Umwelt-technologiebereich	**Steigt**, da die Branche boomt	**Stagniert**, da unzureichende Marktnachfrage nach Umwelt-technologien	**Steigt leicht**, aufgrund von nur partieller Marktnachfrage nach Effizienztechnologien und aufgrund von Ausblickungsüberhängen nur leicht	
	Export nachhaltiger Technologien boomt, damit verbunden positive Beschäftigungseffekte (Sz6c)		Die bisherige Umwelt- und Klimapolitik wird fortgesetzt. Umweltschonende Technologien werden nur schleppend eingeführt. Daher kaum Beschäftigungswachstum (Sz12a)	
B. Anteil der Diplom-ingenieure an unselb-ständig Beschäftigten	**Steigt**. (Ausbildungs-schwerpunkt an der Universität ist Aus-gangspunkt für Betriebsansiedlungen	**Sinkt**, durch Schwächen in der internationalen Positionierung der TU sowie der Betriebe im Produktionsbereich	**Stagniert**. Stärken können weiter genutzt, jedoch nicht weiter ausgebaut werden	
C. Anteil der Beschäf-tigten im Industrie-bereich	Hohe Investitionen in Bildung begünstigen naturwissenschaft-liche und technische Ausbildung (Sz3c)			
	Bleibt stabil, aufgrund der hohen Nachfrage nach individuell produzierten Gütern	**Sinkt**. Geht aufgrund des anhaltenden Strukturwandels leicht zurück	**Sinkt dramatisch** aufgrund zunehmenden Produktionsauslan-gerungen nach Asien	
	Aufgrund der Produktindividualisierung kann sich Europa gegenüber Billigproduktionen in der Produktion behaupten. Einbußen im Industriesektor daher schwächer als befürchtet (Sz7a)		Auslagerungen der energieintensiven Produktion aus Europa nach Asien (Sz9c)	
J. Anteil der über 60-Jährigen an der Gesamt-bevölkerung	**Steigt** aufgrund stagnierender Geburtenrate und restriktiver Zuwanderung stark an	**Sinkt leicht** aufgrund niedriger Geburtenrate und starker Zuwanderung	**Steigt** aufgrund niedriger Geburtenrate und hoher Zuwande-rung leicht an	**Steigt** aufgrund hoher Geburtenrate und restriktiver Zuwande-rung leicht an
				Sehr selektive Zuwanderung von Nicht-Europäern, jedoch aktive Familienpolitik, um der Überalterung entgegenzuwirken (Sz3c)
L. Zuzug	**Steigt**. Steiermark ist für ausländische Arbeitnehmer ein begehrtes Zielland	**Stagniert** aufgrund restriktiver Migrationspolitik	**Steigt**, allerdings vorwiegend ausländische Arbeitnehmer aus dem Pflege- und Gesundheitsbereich	
	Überproportional viele hoch Gebildete emigrieren auf der Suche nach neuen Beschäftigungsmöglichkeiten. (Vorwiegend von Ost- nach Westeuropa) (Sz10c)	Europas Wirtschaft stagniert – was vor allem in den mittel- und osteuropäischen Ländern zu hoher struktureller Arbeitslosigkeit führt. Der Immigrationsdruck auf die wenigen prosperierenden Länder steigt. Diese reagieren mit äußerst restriktiver Immigra-tionspolitik (Sz10b)		

Mensch   Wirtschaft   Umwelt   ☐ Mögliche Entwicklung in LiebMur   ▨ Plausible Entwicklung der Rahmenbedingungen auf EU-Ebene

Tabelle 36: Projektionen zu den Deskriptoren Bereich Umwelt

Deskriptor	Projektion 1	Projektion 2	Projektion 3	Projektion 4
N Erreichbarkeit im internationalen Vergleich mit öffentlichen Verkehrsmitteln	**Steigt** durch starken Ausbau der öffentlichen Verkehrsmittel (v.a. Flugverkehr)	**Sinkt**, da die Region abseits der TEN-Netze liegt	**Steigt** durch Verbesserung von kleinräumigen Verkehrslösungen	
	Auto und Flugzeug stellen in Europa weiterhin die beiden wichtigsten Transportmittel dar, weiterhin gibt es keine Lösungen für intermodulare Transportmittel gibt (Sz4b)		Die Kohäsion der regionalen Entwicklung wird durch Investitionen in die bessere Erschließung des ländlichen Raums vorangetrieben. (Sz3b)	
T Verknappung regionaler Umweltressourcen	Ferienautzulastung **steigt weiter an**. Mangel in der Verkehrs- und Siedlungspolitik verstärken die negative Auswirkungen auf Betriebsansiedlungen kommt gegen Ende der Projektionsperiode es jedoch zu Verbesserungen.	**Kann mittelfristig gestoppt werden** durch Schaffung eines grenzüberschreitenden Schnellbahnsystems und nachhaltige Siedlungspolitik	Kann zurückgeht in den urbanen Zentren **gesenkt** werden	
	Plausible Entwicklung der Rahmenbedingungen auf EU-Ebene	Ignoranz gegenüber Umweltproblemen, dadurch Verknappung regionaler Umweltressourcen weiter vorangetrieben. (Sz17d)	Emissionswerte gehen signifikant zurück – Luftverbesserung (Sz12b)	
O Anteil erneuerbarer Energie am Bruttoinlandsverbrauch	**Steigt** durch Etablierung einer nachhaltigen Wirtschaftspolitik und durch Druck aufgrund des steigenden Ölpreises	**Stagniert**	**Sinkt** aufgrund der weiteren Vorherrschaft fossiler Energieträger, hohe Preisschwankungen bei Erdöl und Scheitern des Kyoto-Protokolls begünstigen Gasnutzung	
	Staat und Bürger veranlassen Unternehmen, nachhaltiger zu wirtschaften. Einführung einer Energiesteuer sowie Einbeziehung negativer externer Effekte in der Rechnungslegung – daher Steigerung der Nachhaltigkeit (Sz1d)	Lediglich schleppende Einführung umweltfreundlicher Technologien und daher auch weiterhin der Anteil erneuerbarer Energien konstant und sogar steigende Nachfrage nach fossilen Energieträgern. (Sz12a)	Umweltschutz ist keine vorrangige Zielsetzung der europäischen Wirtschaftspolitik, von öffentlicher Hand werden keine Anreize zur Ausweitung erneuerbarer Energieträger gesetzt – aufgrund von kurzfristigem Kosten-Nutzen-Denken wird Ausbau traditioneller Energieformen bevorzugt. (Sz1a)	
R Anzahl der Patente im Bereich erneuerbarer Energien	**Steigt stark an** durch Anreize für nachhaltiges Wirtschaften	**Sinkt**	**bleibt stabil**, wird aber fast ausschließlich durch den Nischenmarkt im Ausland und die insgesamt durch Vorreiterrolle in den 1990er Jahren entwickelte internationale Sichtbarkeit des Standortes erzielt, durch Brain drain in kann sich ein entsprechender Verwertungssektor kaum etablieren.	
	Aufgrund der niedrigen Energiepreise gibt es für die Bevölkerung und Politiker keinen unmittelbaren Handlungsbedarf – daher wirtschaftspolitisch keine Anreize, um in die Erforschung erneuerbarer Energieformen zu investieren. (Sz1c)		Aufgrund der niedrigen Energiepreise und zunehmender Effizienz der bei der Produktion eingesetzten Technologien können Energiekosten in der Produktion gesenkt werden. (Sz7a)	
V Endogene Nachfrage nach Nachhaltigkeitsprodukten und -technologien	**Steigt stark an** durch Steigerung der öffentlichen Nachfrage	**Stagniert** aufgrund der kurzfristigen Kostenüberlagerungen der Konsumenten und mangelnde öffentliche Nachfrage	**Stagniert im Mittel**, es gibt aber unstetige Nachfragespotzen, die dann nicht mehr im Inland befriedigt werden können.	
	Starke Anreize für Konsumenten, ihre Nachfrage hin zu nachhaltigeren Produkten und Verwendung nachhaltiger Technologien zu verschieben. (Sz16a)	Die möglichen Auswirkungen des Klimawandels werden unterschätzt, weshalb europaweit Nachhaltigkeitstechnologien von der Politik kaum gefördert werden und die Nachfrage sehr gering ist. (Sz16b)	Obwohl das Streben nach nachhaltiger Entwicklung zu einem der zentralen wirtschaftspolitischen Ziele erhoben wurde, verläuft die Umsetzung nur schleppend, die Nachfrage nach Nachhaltigkeitstechnologien stagniert. (Sz16c)	

Mensch   Wirtschaft   Umwelt

Mögliche Entwicklung in LieMflz   Plausible Entwicklung der Rahmenbedingungen auf EU-Ebene

Tabelle 37: Projektionen zu den Deskriptoren Bereich Wirtschaft

Deskriptor	Projektion 1	Projektion 2	Projektion 3	Projektion 4
M. Versorgungssicherheit bei Energie	Ist gewährleistet durch Ringleitung und Gasturbinenkraftwerke Weiterhin sind große Teile der Wirtschaft von fossilen Brennstoffen und Energie abhängig, durch hohen Erdölpreis werden Investitionen in Effizienz steigernde Technologien verstärkt. (Sz17f).	Ist gewährleistet durch dezentrale Kapazitäten, das sogenannte virtuelle Kraftwerk auf Basis von Stirlingmotoren in Einfamilienhäusern ist ein weltweites Pilotprojekt	Gewährleistet, jedoch große Schwankungen im Spitzenlastbereich speziell für den hohen Kühlenergiebedarf der Hotellerie im Sommer	
W. F&E-Quote	Steigt und bleibt über dem Österreichdurchschnitt Entwicklung Europas zum wissensintensiven Wirtschaftsraum der Welt. Sicherung der Wettbewerbsfähigkeit durch hohe F&E-Ausgaben (Sz7a)	Stagniert und bleibt über dem Österreichdurchschnitt Der technologische Wandel ist in Europa sehr langsam – auch weil geringe F&E, weil von Bevölkerung Marktneuerungen nur schwer angenommen werden (Sz17g)	Sinkt Ablehnung der (alternden) Bevölkerung gegenüber der Einführung radikaler Neuerungen – daher sinken auch Anreize, in F&E zu investieren. (Sz9b)	
Z. Technologiequote	Steigt der Hochtechnologiesektor wächst überproportional stark In der Forschung konzentriert man sich auf die Bereiche Präventivmedizin, Umwelt- und Nanotechnologie. Die Anzahl der europäischen Patente im Hochtechnologiebereich steigt daher stark an. (Sz9c)	Steigt, jedoch vorwiegend in traditionellen Branchen des Mitteltechnologiesegments Neue Technologien können aufgrund des großen und teils heftigen Widerstands der Bevölkerung nicht durchsetzen. Daher sind die europäischen Unternehmen v.a. darauf ausgerichtet, ihre Stärke in traditionellen Branchen zu wahren bzw. auszubauen. (Sz12b)	Stagniert bzw. sinkt leicht Europa entwickelt sich von einer Produktionsgesellschaft zu einer wissensintensiven Dienstleistungsgesellschaft. (Sz7c)	
AA. Dienstleistungsquote	Dienstleistungsquote steigt stark an, wissensintensive Dienstleistungen nehmen überproportional Die Produktion richtet sich stärker nach den Kundenbedürfnissen aus – individuellere Gesellschaft – dadurch sind auch Dienstleistungen stärker gefragt. (Sz6a)	Dienstleistungsquote steigt an, es besteht jedoch weiterhin Nachholbedarf bei wissensintensiven Dienstleistungen Die Produktions- und Angebotsinfrastruktur wird regionalisiert und individualisiert – Kleinstunternehmen mit hoher Verantwortung dominieren die Wirtschaft. (Sz6b)	Dienstleistungsquote steigt leicht an durch starke vertikale Integration und Dominanz von großen Industriebetrieben Erfolgreiche Transformation der Wirtschaft zu einer Wissensgesellschaft, in der wissensintensive Dienstleistungen sehr stark an Bedeutung gewinnen. (Sz8a)	
P. Energiekosten in der Produktion	Steigen stark	Steigen leicht an Energiekosten in der Produktion bleiben konstant, da international die Energiepreise niedrig sind (Sz7a)	Bleiben gleich	Sinken Aufgrund der niedrigen Energiepreise und zunehmender Effizienz der bei der Produktion eingesetzten Technologien können Energiekosten in der Produktion gesenkt werden. (auch Sz7a – nach Alternativen suchen!)
HH. Wirtschaftsleistung	Steigt an, bleibt für die Gesamtregion aber aufgrund der Strukturschwäche der ländlichen Gebiete unter dem EU25-Schnitt Schwache wirtschaftliche Entwicklung der Peripherie, auch weil diese von der Wirtschaftspolitik weitgehend vernachlässigt wird (Sz3c)	Stagniert Wirtschaft stagniert, da im Hochtechnologiebereich der Anschluss an die nun führenden Weltregionen verpasst wurde. (Sz1b)	Sinkt	Steigt an, hohe Entwicklungsdynamik auch im Umland der Zentren um Graz und Maribor hohes Wirtschaftswachstum auf der ganzen Welt und so auch in Europa (Sz17d)

Umwelt   Mensch   Wirtschaft   ☐ Mögliche Entwicklung in LebMur   ☐ Plausible Entwicklung der Rahmenbedingungen auf EU-Ebene

6 Cross-Impact-Analyse

Mit der Cross-Impact-Analyse werden sowohl die gegenseitigen Abhängigkeiten der Ausprägungen der Einflussgrößen als auch die Abhängigkeiten der Eintrittswahrscheinlichkeiten der einzelnen Projektionen ausgewertet: „Die Cross-Impact-Analyse ist der Oberbegriff für eine Verfahrensgruppe, mit der versucht wird, Interdependenzen zwischen den Eintrittwahrscheinlichkeiten möglicher zukünftiger Entwicklungen auszuwerten" (Heinbecke, Schwager 1995).

6.1 DIE CROSS-IMPACT-MATRIX

Das Ausmaß – die Stärke und die Wirkrichtung – der möglichen Wechselwirkungen der einzelnen Projektionen der Deskriptoren zueinander werden über die *Cross-Impact-Matrix* festgelegt. Bei 17 Deskriptoren kommt es zu 272 gegenseitigen Einflusskombinationen[14]. Die Wirkrichtungen und -stärken von insgesamt 2442 möglichen unterschiedlichen Projektionskombinationen – die Projektionsausprägungen – werden festgelegt. Bewertet werden diese Wechselwirkungen über einen Wertebereich (Schätzbereich), dieser reicht von -2 bis +2 (siehe *Abbildung 27*), wobei gilt: **-2 bis -1**: starke bis schwache Inkonsistenz (die Projektionen der Schlüsselfaktoren schließen sich aus, schließen sich eher aus), **0**: die Ausprägungen der Deskriptoren sind neutral zueinander und **+1 bis +2**: die Projektionen stärken sich wechselseitig.

Abbildung 27: Begriffsdefinition zur Cross-Impact-Matrix

Quelle: Eigene Berechnungen, eigene Darstellung JR-InTeReg.

Eine Einflusskombination definiert sowohl die Wirkrichtung als auch die Wirkstärke des Eintritts einer jeden Projektion eines Deskriptors auf jede Ausprägung der jeweils anderen Einflussgröße. Die Summe aller Einflusskombinationen ergibt die in *Abbildung 28* dargestellte Cross-Impact-Matrix – diese erfasst somit den Einfluss (des Eintritts) einer jeden Projektion eines Deskriptors auf sämtliche Projektionen, somit werden sowohl Wirkungen einzelner Projektionen auf das Gesamtsystem beschrieben als auch die Ursachen dieser Wirkungen.

---

[14] Diese Zahl errechnet sich durch (n-1) x n; wobei n = 17.

Abbildung 28: Die Cross-Impact-Matrix

		F&E-Quote in der Steiermark			Anteil der Diplomingenieure an unselbständigen Beschäftigten			Versorgungssicherheit bei Energie			Anteil der Beschäftigten im Industriesektor			Technologiequote			Dienstleistungsquote			Anteil erneuerbarer Energien am Bruttoinlandsprodukt			Energiekosten in der Produktion (Erdöl)			
		p1	p2	p3	p1	p2	p3	p1	p2	p3	p1	p2	p3	p1	p2	p3	p1	p2	p3	p1	p2	p3	p1	p2	p3	p4
F&E-Quote in der Steiermark	p1	-	-	-	2	-1	-1	0	0	1	0	2	1	-1	2	1	-2	2	-1	-2	2	0	-1	0	0	1
	p2	-	-	-	-1	0	2	0	0	0	0	0	0	0	0	0	0	0	2	0	0	0	0	0	0	0
	p3	-	-	-	-2	2	2	0	0	-1	0	-2	0	2	-2	-1	2	-2	1	1	-2	0	0	1	0	0
Anteil der Diplomingenieure an unselbständigen Beschäftigten	p1	2	0	-2	-	-	-	0	1	1	-1	2	-1	-2	2	2	-1	1	-1	0	2	0	0	0	0	0
	p2	-2	0	2	-	-	-	0	0	0	1	-1	1	1	-2	-2	2	-1	1	0	-1	0	0	0	0	0
	p3	0	1	0	-	-	-	0	0	0	0	0	0	0	0	0	0	0	0	0	0	0	0	0	0	0
Versorgungssicherheit bei Energie	p1	0	0	0	0	0	0	-	-	-	0	0	0	0	0	0	0	0	0	0	0	0	0	0	0	0
	p2	0	0	0	0	0	0	-	-	-	0	2	0	-1	2	0	-1	0	0	0	-1	0	0	-1	0	0
	p3	0	0	0	0	0	0	-	-	-	0	1	0	-1	2	0	0	0	0	0	2	0	0	0	1	0
Anteil der Beschäftigten im Industriesektor	p1	-1	0	1	-2	2	0	0	0	0	-	-	-	2	-2	0	2	0	0	-1	2	0	0	2	1	0
	p2	1	0	-1	2	-1	1	0	2	1	-	-	-	0	2	1	-1	-2	0	2	-1	0	0	1	2	0
	p3	1	0	-1	0	0	0	0	0	0	-	-	-	0	-1	0	0	2	1	-2	0	0	0	0	0	1
Technologiequote	p1	-2	0	2	-2	1	0	0	-1	-1	1	0	0	-	-	-	2	2	0	-2	-2	0	0	-1	0	0
	p2	2	-1	-2	2	-2	-1	0	0	1	-1	2	0	-	-	-	0	2	-1	1	1	0	0	0	0	1
	p3	1	0	-1	1	-1	1	0	0	0	0	1	0	-	-	-	0	-1	2	0	0	0	0	0	0	0
Dienstleistungsquote	p1	-1	0	1	-2	1	2	0	0	0	0	-2	0	2	0	0	-	-	-	0	-1	0	0	0	0	1
	p2	1	0	-1	1	-1	0	0	0	0	0	-1	2	1	2	0	-	-	-	0	0	0	0	0	0	1
	p3	0	1	0	0	0	0	0	0	0	0	-2	1	2	0	1	-	-	-	0	0	0	0	0	1	0
Anteil erneuerbarer Energien am Bruttoinlandsprodukt	p1	-1	0	1	0	0	0	0	0	0	0	2	-1	-1	1	0	0	0	0	-	-	-	0	0	0	1
	p2	1	0	-1	1	-1	0	0	0	1	-1	-1	0	0	2	1	-1	2	1	-	-	-	0	-1	1	0
	p3	0	0	0	0	0	0	0	0	0	0	1	0	0	0	0	0	0	0	-	-	-	0	-1	0	1
Energiekosten in der Produktion (Erdöl)	p1	0	0	0	0	0	0	0	0	-1	0	1	0	0	-1	1	0	-1	0	1	0	0	-	-	-	-
	p2	1	-1	0	2	-1	0	0	-2	-1	1	-2	2	2	2	2	-2	2	1	-2	2	-2	-	-	-	-
	p3	0	0	0	1	0	0	0	0	0	-1	-1	1	-1	1	1	-1	1	0	-1	1	-1	-	-	-	-
	p4	0	1	0	0	0	0	0	0	0	-1	1	1	1	0	0	0	0	0	0	1	0	-	-	-	-

		Anzahl der Patente im Bereich erneuerbare Energien		Wirtschaftsleistung				Anteil der über 60-Jährigen an der Bevölkerung				Verknappung regionaler Umweltressourcen		Anteil der Beschäftigten im Umwelttechnologiebereich			Endogene Nachfrage nach Nachhaltigkeitsprodukten und -technologien		Zuzug			Verkehrserreichbarkeit im internationalen Vergleich			Realisation des Europäischen Rahmenszenarios		
		p1	p2	p1	p2	p3	p4	p1	p2	p3	p4	p1	p2	p1	p2	p3	p1	p2	p1	p2	p3	p1	p2	p3	p1	p2	p3
F&E-Quote in der Steiermark	p1	2	2	-2	1	-1	-2	2	-2	2	2	-1	-1	2	2	0	-2	2	-1	2	-1	-2	2	-1	0	0	1
	p2	0	0	0	2	0	0	0	0	0	0	0	0	0	0	1	1	0	0	0	0	0	0	0	0	0	0
	p3	0	-2	2	-1	0	2	-2	2	-1	0	0	1	-2	-2	0	2	-1	2	-2	0	1	-2	1	0	0	0
Anteil der Diplomingenieure an unselbständigen Beschäftigten	p1	1	2	-2	1	0	-1	2	-1	0	-1	1	1	0	2	-1	1	1	0	1	-1	0	1	-1	0	1	0
	p2	-1	-2	2	-1	0	0	-2	0	0	1	-1	0	0	-2	1	1	0	0	0	1	0	-1	1	0	0	0
	p3	0	0	1	0	0	0	0	0	0	0	0	0	0	0	0	0	0	0	0	0	0	0	0	0	0	0
Versorgungssicherheit bei Energie	p1	0	0	0	0	0	0	0	0	0	0	0	0	0	0	0	0	0	0	0	0	0	0	0	0	0	0
	p2	1	0	1	1	0	0	1	0	0	0	0	1	-1	0	0	1	0	1	1	0	0	1	0	0	0	0
	p3	0	1	-1	1	0	0	1	0	0	0	0	1	0	1	1	0	1	0	1	0	0	1	0	2	0	0
Anteil der Beschäftigten im Industriesektor	p1	-2	1	0	-2	0	2	-2	0	1	0	0	0	0	1	0	0	2	0	-1	0	0	-1	2	0	-1	0
	p2	0	1	0	2	0	-2	2	-1	1	1	0	2	1	1	0	1	1	0	2	0	1	2	0	1	1	0
	p3	0	0	0	1	2	0	0	0	0	0	0	0	0	0	0	0	0	0	0	0	1	0	0	0	0	0
Technologiequote	p1	1	0	0	-2	0	2	-2	2	0	0	0	-2	0	0	0	0	0	2	-2	0	0	-1	0	0	0	0
	p2	1	2	-2	2	-1	-2	2	0	0	0	0	-1	0	1	0	-1	1	-1	1	0	-1	1	-1	0	1	0
	p3	0	-1	1	1	-1	-1	-1	0	0	0	0	0	0	-1	1	1	0	0	1	0	0	0	0	0	0	0
Dienstleistungsquote	p1	-1	-2	2	-2	2	1	-2	0	0	0	0	1	0	-1	1	1	-1	1	-1	1	1	-1	1	0	-1	1
	p2	1	2	-1	1	-1	-1	2	0	0	1	0	0	1	1	0	-1	1	0	1	-1	-1	2	-1	1	1	1
	p3	0	0	1	0	1	-1	-1	0	1	0	0	1	0	0	0	0	0	0	0	1	0	0	0	1	-1	0
Anteil erneuerbarer Energien am Bruttoinlandsprodukt	p1	1	0	0	1	0	-1	1	0	0	1	-1	1	0	1	0	0	2	-1	-1	0	1	0	0	1	1	-1
	p2	1	2	-2	1	-1	-1	1	1	-1	-1	0	-1	0	2	-1	-2	2	-1	1	0	-1	-1	0	1	-1	-1
	p3	0	-1	1	1	0	-1	0	0	0	0	0	1	0	-1	2	1	-1	1	0	1	0	1	0	1	1	1
Energiekosten in der Produktion (Erdöl)	p1	0	-2	2	1	-1	-1	0	-1	0	1	-1	1	-1	-2	2	1	-2	2	-1	0	1	1	-1	-1	1	0
	p2	0	2	-2	-1	2	1	-2	0	-1	-2	0	2	2	2	-1	-2	2	-2	-1	1	-2	0	0	1	1	1
	p3	0	1	-1	1	0	-1	-1	0	0	-1	0	1	1	1	2	1	1	-1	2	-1	-2	0	0	0	0	0
	p4	0	0	0	2	0	-1	-1	0	0	0	0	0	0	0	2	1	0	0	0	0	0	0	1	0	0	0

weiter folgende Seite:

Cross-Impact-Matrix

Column / row projections (Projektionen p1–p4):

- Anzahl der Patente im Bereich erneuerbare Energien (p1, p2)
- Wirtschaftsleistung (p1, p2, p3, p4)
- Anteil der über 60-Jährigen an der Bevölkerung (p1, p2, p3, p4)
- Verknappung regionaler Umweltressourcen (p1, p2)
- Anteil der Beschäftigten im Umwelttechnologiebereich (p1, p2, p3)
- Endogene Nachfrage nach Nachhaltigkeitsprodukten und -technologien (p1)
- Zuzug (p1, p2, p3)
- Verkehrserreichbarkeit im internationalen Vergleich (p1, p2, p3)
- Realisation des Europäischen Rahmenszenarios (p1, p2, p3)

Row header (linke Spalte):

- F&E - Quote in der Steiermark (p1, p2, p3)
- Anteil der Diplomingenieure an unselbständigen Beschäftigten (p1, p2, p3)
- Versorgungssicherheit bei Energie (p1, p2, p3)
- Anteil der Beschäftigten im Industriesektor (p1, p2, p3)
- Technologiequote (p1, p2, p3)
- Dienstleistungsquote (p1, p2, p3)
- Anteil erneuerbarer Energien am Bruttoinlandsprodukt (p1, p2, p3)
- Energiekosten in der Produktion (Erdöl) (p1, p2, p3, p4)
- Anzahl der Patente im Bereich erneuerbare Energien (p1, p2)
- Wirtschaftsleistung (p1, p2, p3, p4)
- Anteil der über 60-Jährigen an der Bevölkerung (p1, p2, p3, p4)
- Verknappung regionaler Umweltressourcen (p1, p2)
- Anteil der Beschäftigten im Umwelttechnologiebereich (p1, p2, p3)
- Endogene Nachfrage nach Nachhaltigkeitsprodukten … (p1, p2)
- Zuzug (p1, p2, p3)
- Verkehrserreichbarkeit im internationalen Vergleich (p1, p2, p3)
- Realisation des Europäischen Rahmenszenarios (p1, p2, p3)

Quelle: Eigene Darstellung JR-InTeReg

6.2   A PRIORI- UND A POSTERIORI-WAHRSCHEINLICHKEITEN

Über die Berechnung der bedingten Wahrscheinlichkeiten der Projektionen kann die relative Häufigkeit des Eintritts der einzelnen Ausprägungen der Schlüsselfaktoren errechnet werden. Basierend auf der Cross-Impact-Matrix können sowohl verstärkende als auch hemmende Wirkungen einer Projektion auf die Wahrscheinlichkeit des Eintretens einer anderen Projektion untersucht werden.

Den einzelnen Projektionen werden *a priori* Eintrittswahrscheinlichkeiten zugeordnet, eindeutige Projektionen erhalten den Wert Eins, die Summe der Eintrittswahrscheinlichkeiten aller alternativen Projektionen eines Schlüsselfaktors muss demnach ebenfalls Eins ergeben. Ausgehend von den *a priori*-Eintrittswahrscheinlichkeiten einer Projektion werden die bedingten Wahrscheinlichkeiten für das Eintreten dieses Faktors errechnet.

Die Kombinationen der wahrscheinlichsten Projektionen der einzelnen Schlüsselfaktoren werden über die statisch-kausale Cross-Impact-Analyse ermittelt (Götze, 1993). Der dieser Arbeit zugrundeliegende Algorithmus setzt im Folgenden jede einzelne Projektionsausprägung als Ausgangspunkt für eine Szenariobestimmung fest[15]. Ausgehend von dieser Cross-Impact-Matrix werden die Wahrscheinlichkeit und die relative Häufigkeit des Eintretens für jede Projektionsausprägung der einzelnen Deskriptoren errechnet: „In Abhängigkeit von dieser [...] Ausprägung wird nun geprüft, inwieweit die Eintrittwahrscheinlichkeiten der Ausprägungen anderer Deskriptoren verändert werden. Die Werte werden dabei aus der Cross-Impact-Matrix gelesen. Z.B. der Wert -2 bewirkt eine Verringerung der Eintrittswahrscheinlichkeit einer Ausprägung des anderen Deskriptors" (Szeno-Plan, S. 26 f.). Von Interesse ist demnach die Eintrittswahrscheinlichkeit einer Projektion eines Deskriptors unter der Bedingung, dass zuvor die Ausprägung eines anderen Schlüsselfaktors eingetreten ist. Anschließend wird dieses Verfahren für alle Projektionen der einzelnen Deskriptoren wiederholt. Die *a priori-* wie auch die daraus errechneten *a posteriori*-Wahrscheinlichkeiten finden sich in *Tabelle 38*, für die Beschreibungen der mit p1, ..., p4 gekennzeichneten Projektionen siehe *Tabelle 36*, *Tabelle 37* und *Tabelle 38*.

Ergebnis dieser Berechnung ist eine Kombination von jeweils einer Projektion zu jedem Deskriptor – oder jeweils ein Szenario je Ausgangspunkt sowie eine modifizierte Häufigkeitsverteilung des Eintritts der einzelnen Ausprägungen der Schlüsselfaktoren, „die als modifizierte Eintrittswahrscheinlichkeit der betrachteten Zukunftsprojektion interpretiert werden kann. Es wird hier auch in Abgrenzung von den zunächst festgelegten *a priori-* von *a posteriori*-Wahrscheinlichkeiten gesprochen." (Götze, 1993; Herzhoff, 2004).

Insgesamt werden über diesen Algorithmus 2 x n, wobei n die Anzahl der Ausprägung der Projektionen (p1,..., p4) der einzelnen Deskriptoren ist, Szenarien errechnet – diese können auch identisch sein (unterschiedliche Ausgangspunkte können zum gleichen Ergebnis führen).

---

[15]   Allein die Anzahl der potentiell möglichen Szenarien macht EDV-gestützte Berechnungen unumgänglich – die Berechnungen wurden mit der Szenarien-Software *Szeno-Plan* erstellt.

Diese Szenarien werden anschließend nach der Häufigkeit ihres Eintritts sortiert.

Tabelle 38: A priori- und a posteriori-Eintrittwahrscheinlichkeiten

Deskriptor		A priori	A posteriori	Deskriptor		A priori	A posteriori
F&E-Quote in der	p1	0,40	0,79	Anzahl der Patente im Bereich	p1	0,60	0,80
Steiermark	p2	0,40	0,01	erneuerbare Energien	p2	0,40	0,20
	p3	0,20	0,20	Wirtschaftsleistung	p1	0,35	0,32
Anteil der	p1	0,35	0,78		p2	0,20	0,01
Diplomingenieure an	p2	0,25	0,20		p3	0,10	0,20
unselbständigen Beschäftigten	p3	0,40	0,02		p4	0,35	0,47
Versorgungssicherheit bei	p1	0,60	0,03	Anteil der über 60-Jährigen an	p1	0,40	0,19
Energie	p2	0,30	0,77	der Bevölkerung	p2	0,20	0,57
	p3	0,10	0,20		p3	0,30	0,24
Anteil der Beschäftigten im	p1	0,30	0,63		p4	0,10	0,01
Industriesektor	p2	0,50	0,19	Verknappung regionaler	p1	0,50	0,22
	p3	0,20	0,19	Umweltressourcen	p2	0,50	0,78
Technologiequote	p1	0,40	0,79	Anteil der Beschäftigten im	p1	0,50	0,77
	p2	0,40	0,01	Umwelttechnologiebereich	p2	0,20	0,03
	p3	0,20	0,20		p3	0,30	0,20
Dienstleistungsquote	p1	0,40	0,79	Endogene Nachfrage nach	p1	0,60	0,80
	p2	0,40	0,20	Nachhaltigkeitsprodukten und -technologien	p2	0,40	0,20
	p3	0,20	0,01	Zuzug	p1	0,33	0,79
Anteil erneuerbarer	p1	0,50	0,77		p2	0,33	0,17
Energien an der	p2	0,20	0,22		p3	0,33	0,04
Bruttoinlandsproduktion	p3	0,30	0,01	Verkehrserreichbarkeit im	p1	0,20	0,77
Energiekosten in der	p1	0,40	0,12	internationalen Vergleich	p2	0,30	0,20
Produktion (Erdöl)	p2	0,30	0,66		p3	0,50	0,03
	p3	0,20	0,22				
	p4	0,10	0,01				

Quelle: Eigene Berechnungen, eigene Darstellung JR-InTeReg.

6.3 KONSISTENZANALYSE

Die Konsistenzwerte werden aus der Matrix für jede Kombination von Ausprägungen und jeden möglichen Anfangswert summiert – die Szenarien werden hinsichtlich ihres Konsistenzmaßes (und nicht nach ihrer Eintrittswahrscheinlichkeit) gereiht. Die Ausprägungen der Deskriptoren werden anhand der berechneten Konsistenzmaße in eine Reihenfolge gebracht – es ergibt sich ein Konsistenzmaß für jedes Szenario. Hier wird dem Problem Rechnung getragen, dass das wahrscheinlichste Szenario nicht unbedingt in sich konsistent sein muss.

Generell wird das Konsistenzmaß über die Konsistenz-Matrix abgeleitet. Die Konsistenz-Matrix definiert, inwiefern zwei Projektionen „zueinander passen", beziehungsweise, ob ein gemeinsames Eintreten sehr wahrscheinlich oder gar unmöglich ist[16] (unabhängig von den zuvor definierten Eintrittswahrscheinlichkeiten der **einzelnen** Projektionen). Inkonsistente Projektionskombinationen – und somit inkonsistente Szenarien – können so von einer weiteren Analyse ausgespart werden. Grundlage dieser Analyse bildet die Konsistenz-Matrix, diese kann

1. über eine Modifikation der Cross-Impact-Matrix erstellt werden: In diesem Algorithmus wird die Wirkrichtung der Projektionen nicht berücksichtigt, die Matrix wird nur unterhalb der Diagonalen ausgefüllt werden - wiederum im Intervall [-2,2]. Wobei der Wert -2 für eine absolute Inkonsistenz und 2 für eine starke Konsistenz stehen.

2. über eine Übertragung der Werte der Cross-Impact-Matrix erstellt werden: „Ein Kopieren der Werte der Konsistenzanalyse oder der Cross-Impact-Analyse in das jeweilige andere Verfahren kann nur vorgenommen werden, wenn diese im Kontext des jeweiligen Instrumentes, in das die Werte kopiert werden, überprüft wurden" (Herzhoff, 2004, S. 132).

In dieser Arbeit wurden beide Methoden zur Bestimmung der Konsistenzmatrix angewandt – die Ergebnisse unterschieden sich jedoch nur unwesentlich, weshalb auf eine Darstellung der über die Modifikation der Cross-Impact-Matrix erstellten Konsistenzmatrix verzichtet wird.

---

[16] So ist ein Sinken des Anteils an Diplomingenieuren an den Beschäftigten für die Steiermark absolut inkonsistent mit einem Anstieg des Anteils der Beschäftigten im Industriesektor. Auch ist (bei gleichbleibender Geburtenrate) ein gleichbleibender Anteil der über 60-Jährigen an der Bevölkerung nur über positiven Zuzug erreichbar.

7 Die drei Szenarien

Aufgrund ihrer Eintrittswahrscheinlichkeit und ihres Konsistenzmaßes wurden drei unterschiedliche Szenarien ausgewählt. Die **Häufigkeit des Eintritts** der Kombinationen von jeweils einer Projektion zu einem Deskriptor stellt sicher, wahrscheinliche Projektionskombinationen zu erhalten. Ein hohes Konsistenzmaß garantiert, dass die Kombination der jeweiligen Projektionen der Deskriptoren (unabhängig von der Wahrscheinlichkeit des Eintritts der einzelnen Projektion) zudem wahrscheinlich oder überhaupt möglich ist (es wird sichergestellt, konsistente Projektionskombinationen zu erhalten).

- Das Umfeld für **Szenario 1** wird durch die Realisierung des „Wissensintensiven Produktionsstandorts" auf europäischer Ebene vorgegeben. Insbesondere die Schlüsselfaktoren aus dem Bereich Wirtschaft bestimmen das Szenariofeld.

- In **Szenario 2** werden die europäischen Rahmenbedingungen durch das Szenario „High End Destination for Services" vorgegeben. Eine fortschreitende Tertiärisierung der Wirtschaft gibt die Rahmenbedingungen der gemeinsamen Entwicklung für den Verdichtungsraum Graz-Maribor vor. Die größten Herausforderungen für die Region ergeben sich durch die zunehmende Abwanderung der Industriebetriebe und dem daraus resultierenden Bedeutungsverlust des produzierenden Bereichs.

- In **Szenario 3** kommt es zu sich gegenseitig stärkenden Wechselwirkungen im Bereich Umwelt, das europäische Rahmenszenario „Région Créateur d'Alternatives" tritt ein. Wirtschaftlich kann sich die Region insbesondere im Umwelttechnologiebereich behaupten.

Nachfolgend werden die Projektionen der Schlüsselfaktoren der jeweiligen Szenarien dargestellt.

7.1   DER MENSCH IN DEN DREI SZENARIEN

Abbildung 29:   Die Projektionen der Schlüsselfaktoren der drei Szenarien im Bereich Mensch

DER MENSCH IN DEN 3 SZENARIEN

	Deskriptor	Szenario 1	Szenario 2	Szenario 3
K.	Anteil der Beschäftigten im Umwelttechnologiebereich	P1	P2	P3
B.	Anteil der Diplomingenieure an unselbständig Beschäftigten	P1	P2	P1
C.	Anteil der Beschäftigten im Industriesektor	P2	P3	P2
J.	Anteil der über 60-Jährigen an der Gesamtbevölkerung	P3	P1	P2
L.	Zuzug	P1	P2	P1

Quelle: Eigene Darstellung JR-InTeReg.

Der *Anteil der Diplomingenieure an unselbständig Beschäftigten* steigt in den Szenarien 1 und 3 an. Die technische Universität Graz und deren Ausbildungsmöglichkeiten sind Ausgangspunkt für Betriebsansiedlungen. In Szenario 2 kommt es durch eine Vernachlässigung des Produktions- aber auch Technologiebereichs zu einer geringeren Nachfrage nach Absolventen technischer Studienrichtungen – der Beschäftigungsanteil von Hochqualifizierten sinkt in Szenario 2.

Abbildung 30:   Anteil der Diplomingenieure an unselbständig Beschäftigten bzw. Beschäftigte im Industriebereich in der Steiermark

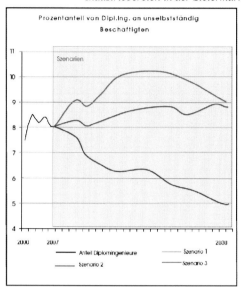
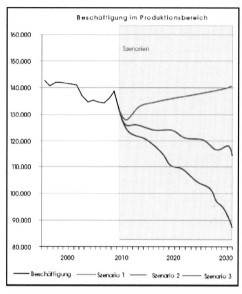

Quelle: WIBIS-Steiermark, eigene Berechnungen, eigene Darstellung JR-InTeReg.

In den Szenarien 2 und 3 wird der Anteil der *Beschäftigten im Industriebereich* in Zukunft noch weiter (leicht) sinken – als logische Folge des andauernden Strukturwandels und des zunehmenden Auslagerns (unproduktiverer) Tätigkeiten vom produzierenden Bereich hin zum Dienstleistungssektor. Gleichzeitig steigt jedoch – wie der wachsende *Anteil der Diplomingenieure an unselbständig Beschäftigten (*die gerade insbesondere im sekundären Sektor Anstellung finden) zeigt – der Bedarf an qualifizierten Arbeitskräften – was insgesamt eine wachsende Arbeitsproduktivität ergibt, von einer schwindenden Bedeutung des produzierenden Bereichs kann in diesen Zukunftsbildern keine Rede sein. Anders stellt sich die Situation in Szenario 2 dar, hier erfahren die Beschäftigungsanteile im Industriebereich dramatische Einbußen, auch bei hoch qualifizierten Beschäftigten – insbesondere durch Produktionsauslagerungen in Billiglohnländer. In diesem Szenario können die vorherrschenden relativ hohen Lohnkosten nicht mit steigender Arbeitsproduktivität wettgemacht werden.

Abbildung 31:   Anteil der Beschäftigten im Technologiebereich der Sachgüterproduktion bzw. Anteil 60+
an der Gesamtbevölkerung in der Steiermark

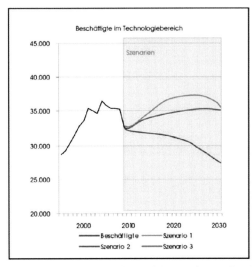
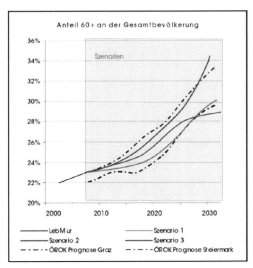

Quelle: WIBIS-Steiermark, eigene Berechnungen, eigene Darstellung JR-InTeReg.

Die demographische Entwicklung der Region wird über zwei Deskriptoren beschrieben, einerseits über den *Anteil der über 60-Jährigen an der Gesamtbevölkerung* – dieser steigt in jedem der betrachteten Zukunftsbilder, jedoch mit unterschiedlicher Intensität – sowie über den Schlüsselfaktor *Zuzug*. Implizit ist hier auch die Entwicklung der Geburtenrate, die Zuwanderungspolitik und die Attraktivität der Region für Zuwanderer enthalten (eine liberale Einwanderungspolitik muss nicht unbedingt mit positiven Wanderungssalden einhergehen – die Attraktivität der Region spielt hier eine bedeutende Rolle). Die Bevölkerung in Szenario 2 altert rapide, hier geht eine relativ geringe Geburtenrate einher mit einer restriktiven Zuwanderungspolitik (Projektion 2). Die Überalterung der Gesellschaft kann in den beiden anderen Zukunftsbildern abgeschwächt werden. Zum einen durch eine liberale Zuwanderungspolitik (Szenario 1 und 3) aber auch durch eine – aufgrund steigender Lebensqualität – steigende Geburtenrate (Szenario 3). Der grenzübergreifende Verdichtungsraum Graz-Maribor ist begehrtes Zielland für Arbeitnehmer (d.h. eine liberale Zuwanderungspolitik bewirkt positive Wanderungssalden).

Die starke Konzentration auf Umwelttechnologie und die Bereitstellung und Schaffung entsprechender Ausbildungsmöglichkeiten in Szenario 3 lässt – als Folge eines wirtschaftlichen Booms in diesem Bereich – den *Anteil der Beschäftigten im Umwelttechnologiebereich* nach der Krise stark steigen. In Szenario 1 werden insbesondere effizienzsteigernde Technologien (in der Sachgütererzeugung) nachgefragt, die Beschäftigung kann jedoch nur leicht angehoben werden – vor allem aufgrund von Ausbildungsdefiziten (eine entsprechende Schwerpunktsetzung wurde verabsäumt). Eine unzureichende Marktnachfrage lässt diesen Anteil bei einer Realisierung von Szenario 2 stagnieren.

7.2   DIE UMWELT IN DEN DREI SZENARIEN

Abbildung 32:   Die Projektionen der Schlüsselfaktoren der drei Szenarien im Bereich Umwelt

DIE UMWELT IN DEN 3 SZENARIEN

	Deskriptor	Szenario 1	Szenario 2	Szenario 3
N.	Erreichbarkeit im internationalen Vergleich mit öffentlichen Verkehrsmitteln	P1	P2	P3
T.	Verknappung regionaler Umweltressourcen	P1	P3	P2
O.	Anteil erneuerbarer Energie an der Bruttoinlandsproduktion	P3	P2	P1
R.	Anzahl der Patente im Bereich erneuerbarer Energien/ Umwelttechnologie	P3	P2	P1
V.	Endogene Nachfrage nach Nachhaltigkeitsprodukten und -technologien	P3	P2	P1

Quelle: Eigene Darstellung JR-InTeReg.

Der umweltpolitische Schwerpunkt des dritten Zukunftsbildes spiegelt sich auch in einem kontinuierlich steigenden Anteil erneuerbarer Energie an der Bruttoinlandsproduktion wider – fossile Energieträger können durch erneuerbare substituiert werden. Ohne diesen Prozess ist auch eine Senkung der Feinstaubbelastung undenkbar – was die Deskriptorenprojektionen von Szenario 1 verdeutlichen: fossile Energieträger dominieren die Energieproduktion. Die strukturelle Beschaffenheit in der Energieerzeugung wird sich bei einer Realisierung von Szenario 2 kaum ändern, der Anteil erneuerbarer Energie bleibt in etwa gleich, wobei es innerhalb der Gruppen von Energieträgern durchaus zu – konjunkturellen oder preisbedingten – Schwankungen kommt.

Abbildung 33:   *Primärenergiemix in den drei Szenarien*

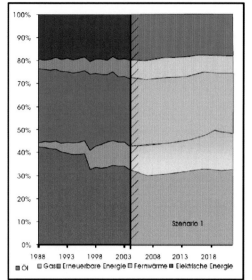

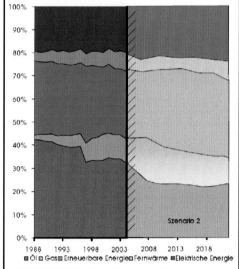

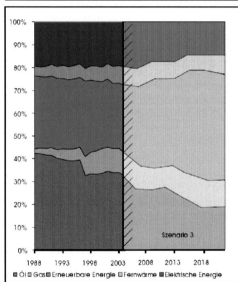

Anmerkungen: Der Energieträger Kohle wird in allen Szenarien keine nennenswerte Rolle mehr spielen und wird in Folge nicht berücksichtigt.

Szenario 1: Die Energieversorgung wird durch den Aufbau moderner Gasturbinen gewährleistet – hoher Anteil an Gas als Energieträger.

Szenario 2: Öl bleibt ein wesentlicher Energieträger, auf den Bau neuer Anlagen wurde weitgehend verzichtet, ein Gutteil des steigenden Energiebedarfs wird importiert – der Anteil der einzelnen Energieträger am Gesamtverbrauch ändert sich kaum.

Szenario 3: Eine dezentrale Stromversorgung, insbesondere Biomasse und Solarkraftwerke, sichern eine ausreichende Stromversorgung – hoher Anteil an erneuerbaren Energieträgern.

Quelle: STATISTIK AUSTRIA, eigene Berechnungen, eigene Darstellung JR-InTeReg.

Die Projektionen zum Schlüsselfaktor *Erreichbarkeit mit öffentlichen Verkehrsmitteln im internationalen Vergleich* unterscheiden sich klar, im ersten Szenario kann diese Erreichbarkeit insgesamt nur leicht gesteigert werden, ausgebaut wird neben dem Individualverkehr vor allem der Flugverkehr. In Szenario 2 liegt die Region abseits der transeuropäischen Verkehrsnetze, der öffentliche Verkehr wird großteils vernachlässigt (dies gilt in besonderem Maß für die Anbindungen des Umlands an die Städte). Im dritten Zukunftsbild werden gerade die kleinräumigen Anbindungen im öffentlichen Nahverkehr verbessert – die Erreichbarkeiten steigen aber auch über einen weiteren Ausbau der Fernverbindungen.

Als Indikator für die *Verknappung regionaler Umweltressourcen* wird die Überschreitung der Grenzwerte für Feinstaub (PM 10) herangezogen. Eine mittelfristige Reduktion dieser

Umweltbelastung gelingt lediglich in Szenario 3. Szenario 2 bringt zumindest in urbanen Regionen eine Senkung der Anzahl der Tage, an denen der maximal zulässige Grenzwert überschritten wird. Ansonsten steigt die Feinstaubbelastung weiter an mit – in der langen Frist – schwerwiegenden Folgen für Mensch, Umwelt und Wirtschaft (Szenario 1).

Abbildung 34:   *PM 10 Grenzwertüberschreitungen bzw. Patentanmeldungen je Mio. EW in*
                    potentiell umweltrelevanten IPC-Klassen.

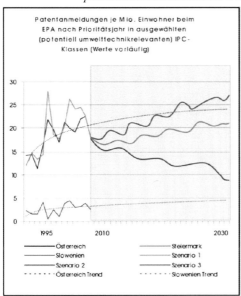
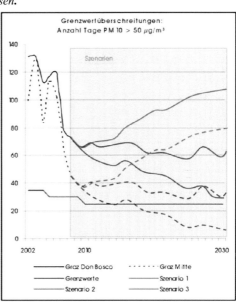

Quelle: Umweltbundesamt Österreich bzw. EUROSTAT, eigene Berechnungen, eigene Darstellung JR-InTeReg.

Die technologische Komponente im Bereich Umwelt wird mit dem Indikator *Anzahl der Patente im Bereich erneuerbarer Energien/Umwelttechnologie* erfasst. Die Göteborg-Ziele – Nachhaltigkeitstechnologien als Wachstumsmotor – werden nur in Szenario 3 erreicht, hier kommt es zu einem starken Anstieg der Patentanmeldungen in umweltrelevanten IPC-Klassen. In den beiden anderen Zukunftsbildern stagniert dieser Wert – es sind kaum Anreize zur Entwicklung nachhaltiger Technologien gegeben. Eng mit diesem Schlüsselfaktor ist der nur qualitativ erfassbare Deskriptor *Endogene Nachfrage nach Nachhaltigkeitsprodukten und -technologien* verbunden (und dient somit auch als Kontrollvariable). Nur im Positiv-Szenario (3) steigt diese, hier werden Umwelttechnologien nicht nur für den Export, vielmehr auch für den endogenen Bedarf innerhalb der Region (im öffentlichen und privaten Bereich) verwendet. Während diese Nachfrage in Szenario 1 im Mittel stagniert (bei unstetigen Nachfragespitzen, die jedoch nicht über das regionale Angebot gedeckt werden können), kommt es in Szenario 2 aufgrund kurzfristiger Kostenüberlegungen (und den mangelnden naturwissenschaftlich und technologischen Kapazitäten – die aus den anderen Projektionen abzuleiten sind) zu einer gleichbleibenden Nachfrage[17].

---

[17] Ein Sinken der Nachfrage wurde nicht in die möglichen Projektionen aufgenommen – eine endogene Nachfrage nach ressourceneffizienten Technologien bzw. nach Vermeidungstechnologien ist immer gegeben, auch wenn diese Technologien nicht explizit als solche benannt werden (d.h. für eine

7.3 DIE WIRTSCHAFT IN DEN DREI SZENARIEN

Abbildung 35: Die Projektionen der Schlüsselfaktoren der drei Szenarien im Bereich Wirtschaft

DIE WIRTSCHAFT IN DEN 3 SZENARIEN

	Deskriptor	Szenario 1	Szenario 2	Szenario 3
M.	Versorgungssicherheit bei Energie	gegeben	gegeben	gegeben
P.	Energiekosten in der Produktion	P1	P3	P2
W.	F&E-Quote	P1	P3	P1
Z.	Technologiequote	P1	P3	P1
AA.	Dienstleistungsquote, Wissensintensive Dienstleistungsquote	P3	P2	P1
HH.	Wirtschaftsleistung (BRP je Einwohner)	P1	P2	P4

Quelle: Eigene Darstellung JR-InTeReg.

Versorgungssicherheit bei Energie muss, und wird, in allen Szenarien gewährleistet. Die realisierten Projektionen unterscheiden sich jedoch erheblich. Im ersten Szenario wird diese vor allem durch die Errichtung von Gasturbinen erreicht, in Szenario 2 kommt es zu starken Schwankungen im Energieverbrauch – hauptsächlich im Sommer muss zur Deckung des Energiebedarfs (aufgrund starker Schwankungen im Spitzenbereich) Energie zugekauft werden, die Region ist hier stark von exogenen Faktoren abhängig. Im dritten Zukunftsbild garantierten die Schaffung und der Ausbau dezentraler Kapazitäten eine weitgehende Selbstversorgung der Region mit Energie (was einen hohen Anteil an erneuerbarer Energien mit sich bringt und ohne erheblichen technologischen Aufwand nicht möglich ist). Während die *Energiekosten* in Szenario 3 nur leicht ansteigen (die zunehmende Verteuerung fossiler Brennstoffe kann durch den Einsatz alternativer Energieträger abgefangen werden), verursacht das Beharren auf fossilen Energieträgern im ersten Szenario hier einen starken Anstieg. Durch einen erheblich geringeren Energieendverbrauch (bedingt durch die Abwanderung großer Industriebetriebe) bleiben die (bereinigten) Energiekosten in Szenario 2 auf dem derzeitigen Stand.

Die *Technologiequote* – analysiert wird die Beschäftigungsentwicklung des Technologiebereichs innerhalb der Sachgütererzeugung – nimmt in den Szenarien 1 und 3 stark zu – was nicht zuletzt auf das Ansteigen der Aufwendungen für F&E und einen steigenden Bedarf an hoch qualifiziertem Personal (z.B. Diplomingenieure) zurückzuführen ist. Ein zunehmender Bedeutungsverlust der gesamten Sachgütererzeugung in Szenario 2 lässt diesen Wert stagnieren.

---

profitmaximierende Firma stellt sich die Frage nicht, ob eine Technologie explizit umweltrelevant ist). Eine Erhöhung der endogenen Nachfrage **speziell** in diesem Bereich ist wohl nur über eine steigende Nachfrage aus dem öffentlichen Sektor möglich – diese wird nur in Szenario 3 realisiert (der öffentliche Sektor muss „die Dinge beim Namen" nennen, dann werden diese auch quantitativ erfassbar, was derzeit über die ÖNACE-Nomenklatur nicht möglich ist).

Abbildung 36:   Anteil der Beschäftigten im Dienstleistungssektor bzw. Beschäftigte in wissensintensiven
Branchen des Dienstleistungssektors in der Steiermark

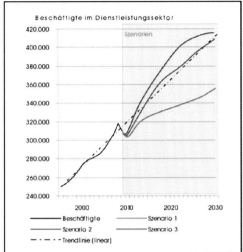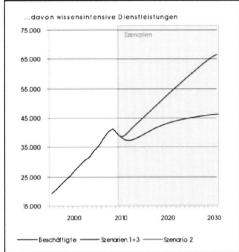

Quelle: WIBIS-Steiermark, eigene Berechnungen, eigene Darstellung JR-InTeReg.

Gewinnen in Szenario 3 vor allem *wissensintensive Dienstleistungen* an Bedeutung, so zeichnet sich bei einer Realisierung von Szenario 2 ein gänzlich anderes Bild ab – hier erleben gerade „klassische" Dienstleistungen vor allem im sozialen und Gesundheitsbereich, also in niedrig qualifizierten Bereichen (als logische Folge eines starken Strukturwandels mit sinkenden Beschäftigungs- und Wertschöpfungsanteilen im produzierenden Sektor), einen deutlichen Aufschwung. Eine zunehmende Vernetzung, eine vertikale Integration des sekundären und tertiären Sektors lassen die Dienstleistungsquote im ersten Szenario steigen (intersektorales Outsourcing).

Die *F&E-Quote* im Verdichtungsraum Graz-Maribor steigt im ersten und dritten Zukunftsbild stark an, die Forschungsschwerpunkte liegen im ersten Fall im technisch-naturwissenschaftlichen Bereich sowie in den (traditionellen) Ingenieurswissenschaften, im letzteren Fall zusätzlich im Umwelttechnologiebereich. In Szenario 2 gehen die Aufwendungen für Forschung und Entwicklung sowohl im öffentlichen als auch im privaten Bereich zurück – geforscht wird insbesondere im Gesundheitssektor (Pharmaindustrie), nicht zuletzt, um den Bedürfnissen einer alternden Gesellschaft gerecht zu werden.

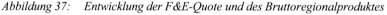

Abbildung 37:   Entwicklung der F&E-Quote und des Bruttoregionalproduktes

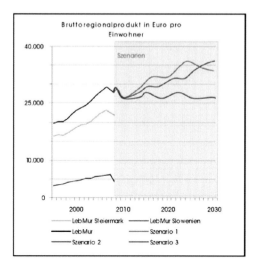 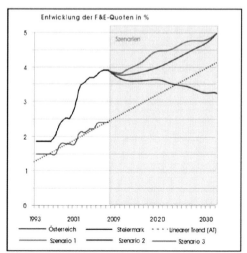

Quelle: Eigene Berechnungen, eigene Darstellung JR-InTeReg.

Die *Wirtschaftsleistung (BRP je Einwohner)*, ein zentraler Schlüsselfaktor zur Bewertung der Projektionskombinationen, stagniert in Szenario 2. Während im dritten Zukunftsbild eine hohe wirtschaftliche Dynamik auch abseits der regionale Zentren Graz und Maribor nach der Krise erreicht werden kann, spielt sich die ökonomische Entwicklung im ersten Szenario vor allem in den städtischen Agglomerationszentren ab – ein Ausgleich zwischen ländlichen und urbanen Regionen, wie er von der Europäischen Union beispielsweise im EUREK gefordert wird – gelingt hier nicht.

Zusammenfassend kann gesagt werden, dass sich die drei Zukunftsszenarien für den Lebensraum Mur in den möglichen Ergebnissen sehr voneinander unterscheiden, obwohl die Entwicklungspfade in den ersten Jahren meist nahe beieinander liegen. Diese langfristigen Szenarien sind – wie schon öfters festgestellt wurde – jedoch keinesfalls als Prognosen, vielmehr als Bilder einer möglichen Zukunft zu sehen. Prognosen gehen von einer allgemeinen Stabilitätshypothese aus, bei Szenarien können und müssen auch gravierende strukturelle Veränderungen des Gesamtsystems in Betracht gezogen werden. Die aktuelle globale Finanz- und Wirtschaftskrise stellt geradezu den Prototypen eines solchen Strukturwandels dar.

Die Krise kann aber auch als Chance für einen Neubeginn gesehen werden, ein Neubeginn welcher im Sinne des vom österreichischen Ökonomen Schumpeter begründeten Begriffs der „schöpferischen Zerstörung" das Alte hinter sich lässt. Gerade jetzt können Schritte für eine andere, eine bessere Zukunft gesetzt werden. Es sind solche Schritte, wie sie in den verschiedenen Zukunftsszenarien gezeichnet worden sind. In welche Richtung es gehen soll, bleibt den Menschen des Lebensraums Mur überlassen.

7.4   RESUMEE

Szenarien zeichnen mögliche Bilder der Zukunft, unterschiedliche Eintrittswahrscheinlichkeiten werden angenommen, Wechselwirkungen zwischen einzelnen Einflussfaktoren werden interpretiert, quantifiziert und analysiert. Trotz allem, selbst die genaueste quantitative und qualitative Analyse möglicher künftiger Entwicklungen ist mit hoher Unsicherheit behaftet. Aber diese Unsicherheit liegt in der Natur der Szenarienentwicklung und ist Teil ihres Entstehungsprozesses. Szenarien sollen uns nicht zeigen, wo wir in fünf oder zehn Jahren sein werden, hierfür werden Prognosen erstellt. Szenarien sollen uns erzählen, wo wir in 25 oder mehr Jahren sein könnten, wenn wir nur wollten. Somit liegen Szenarien im Bereich des Möglichen, sie geben eine Bandbreite vor, in der sich eine Region, bzw. ein Wirtschafts- und Sozialsystem bewegen kann.

Viele der in den vorangegangenen Kapiteln beschriebenen Entwicklungen werden dem in den Szenarien vorgezeichneten Pfad folgen, viele jedoch mit Sicherheit nicht. Gleich einem militärischen Planspiel – und die Szenarienentwicklung hat ihren Ursprung im Militärischen – werden Einflussmöglichkeiten, wie Spielsteine auf einer Landkarte in Stellung gebracht. Die Landkarte, oder in anderen Worten der Szenarienraum, bestimmt die Bewegungsmöglichkeiten – die Eintrittswahrscheinlichkeiten und gibt einen gewissen Weg vor. Welcher Weg dann wirklich beschritten wird, hängt, wie Carl von Clausewitz, dem wohl die Erfindung von Szenarien zugeschrieben werden kann, vor weit über 150 Jahren feststellte, von „der Größe der vorhandenen Mittel und der Stärke der Willenskraft ab".

8 Bibliographie

Aumayr Ch. (2006a): *Eine Region im europäischen Vergleich*, in: Prettenthaler, F. (Hg.), Zukunftsszenarien für den Verdichtungsraum Graz-Maribor (LebMur), Teil A: zum Status quo der Region, Verlag der Österreichischen Akademie der Wissenschaften, Wien 2007, ISBN 978-3-7001-3893-8, S. 1-59.

Aumayr Ch. (2006b): *Zum Strukturwandel der Region*, in: Prettenthaler, F. (Hg.), Zukunftsszenarien für den Verdichtungsraum Graz-Maribor (LebMur), Teil A: zum Status quo der Region, Verlag der Österreichischen Akademie der Wissenschaften, Wien 2007, ISBN 978-3-7001-3893-8, S. 1-59.

Aumayr Ch., Kirschner E. (2006): *Hypothesen zur zukünftigen Entwicklung*, in Prettenthaler, F. (Hg.), Zukunftsszenarien für den Verdichtungsraum Graz-Maribor (LebMur), Teil A: zum Status quo der Region, Verlag der Österreichischen Akademie der Wissenschaften, Wien 2007, ISBN 978-3-7001-3893-8.

EUROPÄISCHE KOMMISSION (2002): More Research for Europe - Towards 3% of GDP, COM (2002) 499 final: Brussels.

EUROPÄISCHE KOMMISSION (2003): In die Forschung investieren: Aktionsplan für Europa, Mitteilungen der Kommission, KOM (2003) 226 endgültig/2, Brüssel.

EUROPÄISCHE KOMMISSION (2004a): Die Herausforderung annehmen – Die Lissabon-Strategie für Wachstum und Beschäftigung, Bericht der Hochrangigen Sachverständigengruppe unter dem Vorsitz von Wim Kok, November 2004 (2004), Amt für Veröffentlichungen der Europäischen Gemeinschaften: Luxemburg.

EUROPÄISCHE KOMMISSION (2004b): Vorschlag für eine Verordnung des Rates mit allgemeinen Bestimmungen über den Europäischen Fonds für regionale Entwicklung, den Europäischen Sozialfonds und den Kohäsionsfonds, KOM(2004)492 endgültig, Brüssel.

EUROPÄISCHE KOMMISSION (2005): Zusammenarbeit für Wachstum und Arbeitsplätze – Ein Neubeginn für die Strategie von Lissabon, Mitteilung von Präsident Barroso im Einvernehmen mit Vizepräsident Verheugen, KOM (2005) 24, Brüssel.

EUROPÄISCHER RAT (2002): Schlussfolgerungen des Vorsitzes, Göteborg, 15. und 16. März 2002, SN 100/1/02, Brüssel.

EUROPÄISCHER RAT (2005a): Schlussfolgerungen des Vorsitzes, Brüssel, 22. und 23. März 2005, DOC/05/1, Brüssel.

EUROPÄISCHER RAT (2005b): Schlussfolgerungen des Vorsitzes, Brüssel, 16. und 17. Juni 2005, 10255/05, Brüssel.

EUROPÄISCHER RAT (2005c): Zusammenarbeit für Wachstum und Arbeitsplätze – Ein Neubeginn für die Strategie von Lissabon, Schlussfolgerungen des Vorsitzes, Brüssel, 2.2.2005, KOM(2005) 24 endgültig.

Forschungsstrategie Steiermark 2005 plus – technisch-naturwissenschaftlicher Bereich: Amt der Steiermärkischen Landesregierung/JOANNEUM RESEARCH InTeReg (2004), Graz.

Gausemeier J., Fink A., Schlake O. (1996): *Szenario-Management*, Hanser Fachbuchverlag, 2. Auflage, 1996.

Götze, U. (1993): *Szenario-Technik in der strategischen Unternehmensplanung*, Deutscher Universitätsverlag, 2. Auflage, 1993, ISBN 978-3-8244-0166-6.

Habsburg-Lothringen C., Gruber M., Fassbender S. (2004): *Leistungs- und Ergebnisindikatoren Steiermark Endbericht*, JOANNEUM RESEARCH-InTeReg, Graz 2004.

Herzhoff, M. (2004): *Szenario-Technik in der chemischen Industrie,* Untersuchung von Software-Tools am Beispiel einer Studie zum Markt für Flammschutzmittel im Jahr 2010 und der praktischen Bedeutung der Szenario-Technik, Technische Universität Berlin, Dissertationsschrift: Berlin.

Kahn H., Wiener, A. (1967): The Year 2000: A framework for speculation on the next thirty years, New York: The Hudson Institute. Online verfügbar unter http://www.hudson.org/, zuletzt geprüft am 14/07/2009.

Kirschner E., Prettenthaler F. (2006): *Ein Portrait der Regionen,* in: Prettenthaler, F. (Hg.), Zukunftsszenarien für den Verdichtungsraum Graz-Maribor (LebMur), Teil A: zum Status quo der Region, Verlag der Österreichischen Akademie der Wissenschaften, Wien 2007, ISBN 978-3-7001-3893-8.

Kirschner E., Prettenthaler F. (2007): *Rahmenbedingungen der gemeinsamen Entwicklung*, in Prettenthaler, F. und Kirschner, E. (Hg.), Zukunftsszenarien für den Verdichtungsraum Graz-Maribor (LebMur), Teil B: Rahmenbedingungen & Methoden, Verlag der Österreichischen Akademie der Wissenschaften, Wien 2008, ISBN 978-3-7001-3911-9.

Köppl A. (2005): *Österreichische Umwelttechnikindustrie-Branchenanalyse*, Österreichisches Institut für Wirtschaftforschung (WIFO): Wien 2005.

ÖBB-Fahrplanauskunft (2007): *Fahrplanauskunft.* Online verfügbar unter http://fahrplan.oebb.at/bin/query.exe/dn, zuletzt geprüft am 14/07/2009.

Österreichische Energieagentur (2008): *Energiepreisindex der österreichischen Energieagentur.* Online verfügbar unter http://www.energyagency.at/enz/epi/index.htm, zuletzt geprüft am 14/07/2009.

Österreichisches Raumentwicklungskonzept 2001, Beschluss der politischen Konferenz vom 2. April 2002: Österreichische Raumordnungskonferenz (ÖROK) (2002). Online verfügbar unter http://oerok.gv.at/OEREK2001/start/oerek2001_Beschlusstext.pdf.

Schürmann C., Talaat A. (2000): *Towards a European Peripherality Index, Final Report*, Dortmund 2000. Online verfügbar unter http://ec.europa.eu/regional_policy/sources/docgener/studies/pdf/periph.pdf, zuletzt geprüft am 14/07/2009.

Slovene Regions in Figures (2009): *Statistical Office of the Republic of Slovenia*, Ljubljana 2009. Online verfügbar unter http://www.stat.si/doc/pub/REGIJE-2009.pdf, zuletzt geprüft am 14/07/2009.

SZENO-PLAN, *Ein Softwaretool für die Szenario-Technik*, Benutzerhandbuch. SINUS Software und Consulting GmbH. Online verfügbar unter http://www.sinus-online.com/Downloads/Szeno-Plan_Beschreibung.pdf, zuletzt geprüft am 14/07/2009.

Prettenthaler F., Höhenberger N. (2007): *Grundlagen und Methoden von „Regional-Foresight"*, in Prettenthaler, F. und Kirschner, E. (Hg.), Zukunftsszenarien für den Verdichtungsraum Graz-Maribor (LebMur), Teil B: Rahmenbedingungen & Methoden, Verlag der Österreichischen Akademie der Wissenschaften, Wien 2008, ISBN 978-3-7001-3911-9.

Prettenthaler F., Schinko T. (2007): *Europäische Rahmenszenarien*, in Prettenthaler, F. und Kirschner, E. (Hg.), Zukunftsszenarien für den Verdichtungsraum Graz-Maribor (LebMur), Teil B: Rahmenbedingungen & Methoden, Verlag der Österreichischen Akademie der Wissenschaften, Wien 2008, ISBN 978-3-7001-3911-9.

WIBIS-Steiermark: das Wirtschaftspolitische Berichts- und Informationssystem Steiermark, Graz. JOANNEUM RESEARCH-InTeReg. Online verfügbar unter http://www.wibis-steiermark.at/show_page.php?pid=406, zuletzt geprüft am 16/01/2008.

Wilms F. E. P. (2006): *Szenariotechnik: Vom Umgang mit der Zukunft*, Bern/Wien 2006, ISBN 978-3-2580-6988-3.

Wirtschaftsbericht Steiermark, (2006): *JOANNEUM RESEARCH-InTeReg*, Graz 2006. Online verfügbar unter
http://www.wirtschaft.steiermark.at/cms/dokumente/11019062_34724454/0da991d6/WIRTSCHA FTSBERICHT%20STEIERMARK%202006.pdf, zuletzt geprüft am 14/072009.

Teil C

ANHANG

English Abstracts

PART C1, PRETTENTHALER, F., KIRSCHNER, E., SCHINKO, T., HÖHENBERGER, N. (2008)

In the scenario Skill-intensive Production Base the region manages to focus on its strengths in the high technology sector. Multinational corporations as well as research and development are shaping the prospering economic environment – highly skilled employees immigrate. Social benefits are reduced – social and spatial disparities increase while the liberalisation of markets is pushed. The negligence of sustainability is leading to environmental problems and high dependence on energy imports.

In the scenario High End Destination for Services the region concentrates on its cultural strengths. While the rural regions successfully position themselves in the tourism and health sector and the urban regions do so in the cultural and education fields, the industrial production relocates. Europe continues to build on its fossil energy system – the implications of the climate change are underestimated.

The use of renewable resources is forced in all ranks in the scenario Région Créateur d'Alternatives – a high standard of living in combination with social cohesion can be secured. Through the focus on environmental technology the decoupling of economic growth and energy consumption succeeds. The high educational level of international students promotes the region's attraction as location for businesses.

PART C2, PRETTENTHALER, F., HÖHENBERGER; N. (2007)

During the preparation of the scenarios for the agglomeration Graz-Maribor an associative survey was conducted in 2006. 91 people from research, politics and administration, economics, civil society and moreover successful Styrians, who were not living in Styria anymore, participated. The analysis was carried out for both the whole sample and the subject-specific sub groups. An analysis concerning the habitual residence was impossible because of a low response rate. Regarding the question which issue is going to shape Styria economically and socially by 2030, the respondents mentioned the ageing of society most frequently. Moreover the development on the labour market, education and the increasing influence of bio-, nano- and materials-engineering were specified as future key factors. As biggest opportunities for Styria's future development, investments in education, new technologies and sustainability were identified. The greatest need for action according to the respondents was seen in education and infrastructure as well as promotion of technology and innovation. The analysis regarding the sub groups differed substantially from the results of the entire group. Especially the answers of the sub group consisting of members of the civil society varied heavily. The issues of regional development and cross-border cooperations were valued much higher in this group of people than on average.

PART C3, KIRSCHNER, E., PRETTENTHALER, F., HABSBURG-LOTHRINGEN, C. (2009)

In the following chapter the technical-analytical part of the scenario creation is portrayed. Based on the main results of the previous papers and on an analysis of the region's status quo the influencing factors are established. Those drivers influence the future development of the scenario significantly. In the process 34 factors were determined and through an influence analysis later on reduced to 16 key factors (so called descriptors). The trend projections, i.e. the various different specifications of the descriptors, were summarised into the three categories people, environment and economy and then bundled into scenarios. Based on their occurrence probability and consistency measure three different scenarios were selected. The general European framework in the scenario Skill-intensive Production Base is basically determined by economic descriptors. In the scenario High End Destination for Services an advancing tertiarisation of the economy establishes the framework for the development in the agglomeration Graz-Maribor. Increasing relocation of industrial firms and the resulting decrease in significance of the producing sector are the main challenges. In the third and last scenario, which is called Région Créateur d'Alternatives, positive feedback effects in the environmental sector occur. The region can economically sustain its position mainly in the environmental technology sector

Slovenski Abstrakti

DEL C1, PRETTENTHALER, F., KIRSCHNER, E., SCHINKO, T., HÖHENBERGER, N., (2008)

V scenariju *Lokacija proizvodnje z visokim deležem znanja* uspe regiji osredotočenje na svoje prednosti s področja visokih tehnologij. Multinacionalna podjetja in tudi RR vplivajo na cvetoče gospodarsko okolje – priselijo se visoko kvalificirane delavne sile. Dajatve socialne države se zmanjšajo – socialna in prostorska nesorazmerja začnejo naraščati medtem ko se liberalizija tržišč pospešuje. Zanemarjenje trajnosti povzroča ekološke probleme in visoko odvisnost od uvoza energije.

V scenariju *High End Destination for Services* se regija osredotoča na svoje kulturne prednosti. Medtem ko utrjujejo podeželske regije svoj položaj na področju turizma in zdravstva ter mestne regije na področju kulturnih in izobraževalnih lokacij, se začne industrijska proizvodnja odseljevati. Evropa še vedno podpira fosilne energetske sisteme in podcenjuje učinke spremembe podnebja.

V okvirnem scenariju *Région Créateur d'Alternatives* se na vseh ravneh podpira uporaba obnovljivih virov energije – tako se lahko zagotovi visoka kakovost življenja v kombinaciji s socialno kohezijo. Z osredotočenjem na področje ekološke tehnologije je možna ločitev od gospodarske rasti in porabe energije. Visoka izobraževalna raven mednarodnih študentk in študentov ima pozitiven vpliv na atraktivnost lokacije v regiji.

DEL C2, PRETTENTHALER, F., HÖHENBERGER; N., (2007)

V okviru izdelave scenarijev za prihodnost gosto naseljenega območja Graz-Maribor je bila junija 2006 izvedena anketa, v kateri je sodelovalo 91 oseb iz področij raziskovanja, politike, uprave, gospodarstva in civilne družbe Slovenije in avstrijske Štajerske ter mnogo uspešnih Štajercev, ki ne živi več na avstrijskem Štajerskem. Analiza se je nanašala tako na osnovno množico kakor tudi ločeno na posamezne strokovne skupine, za analizo po takratnem bivališču pa je bilo število odgovorov izven Štajerske premajhno. Na vprašanje, katera tema bo leta 2030 ekonomsko in socialno zapustila pečat na Štajerskem, je večina anketirancev odgovorila: previsoka starost družbe. Poleg tega so kot ključne faktorje prihodnosti navedli razvoj na tržišču delovne sile in na področju izobraževanja ter rastoči vpliv bio- in nano- tehnologije ter tehnologije materiala. Kot največjo možnost za nadaljnji razvoj avstrijske Štajerske navajajo anketiranci investicije za področje izobraževanja, nove tehnologije in trajnosti, največje potrebe ukrepanja pa vidijo na področjih izobraževanja, infrastrukture ter pospeševanja tehnologije in inovacije. Pri analizi posameznih skupin se je izkazalo, da se rezultati znatno razlikuje od rezultatov osnovne množice, .odgovori podskupine civilne družbe se močno razlikujejo od drugih. Ta skupina je v primerjavi s celotno skupino anketirancev ocenila teme kot regionalni razvoji in možnosti čezmejnega sodelovanja zelo visoko.

DEL C3, KIRSCHNER, E., PRETTENTHALER, F., HABSBURG-LOTHRINGEN, C. (2009)

Sledeče poglavje obravnava tehnično-analitični del izdelave scenarija. V tem poglavju želimo na osnovi glavnih rezultatov predhodnih raziskav in analiz glede trenutnega stanja gosto naseljenega območja Graz-Maribor ugotoviti faktorje, katerih spreminjanja bodo odločilno vplivala na bodoči razvoj področja scenarija. Pri tem je bilo ugotovljenih 34 faktorjev, ki so bili preko analize vpliva strnjeni v 16 ključnih faktorjev (deskriptorji). Analiza trendov, to so različni možni izrazi deskriptorjev, pa je bila strnjena na tri skupine: človek, ekologija in ekonomija ter spojena v tri scenarije. Glede verjetnosti pojave in mere konsistence je bilo izbranih tri različnih scenarijev. Evropske okvirne pogoje v scenariju „Lokacija proizvodnje z visokim deležem znanja" določajo predvsem deskriptorji iz področja gospodarstva. V scenariju „High End Destination for Services" pa okvirne pogoje skupnega razvoja za gosto naseljeno območje Graz-Maribor določa napredujoča storitvena družba gospodarstva. Vse večje odseljevanje industrijskih podjetij in s tem izguba pomembnosti na idustrijskem področju so v tem scenariju največji izzivi. V tretjem in zadnjem scenariju z naslovom „Région Créateur d'Alternatives" prihaja na področju ekologije do medsebojnih krepitvenih učinkov. Ekonomsko se lahko regija uveljavi predvsem na področju ekološke tehnologije.

Index

A

B

C

D

E

F

G

H

I

K

L

M

N

O